走进
乐高机器人

北京西觅亚科技有限公司　编

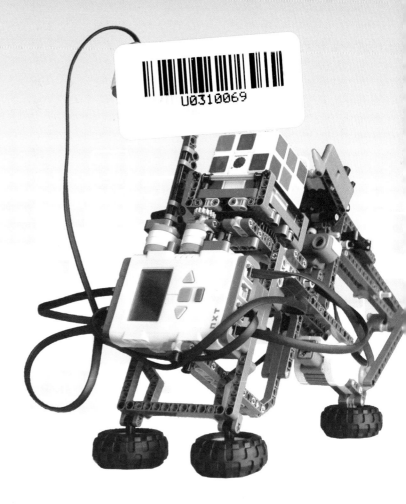

U0310069

科学普及出版社

· 北 京 ·

图书在版编目（CIP）数据

　　走进乐高机器人 / 北京西觅亚科技有限公司 编 . —北京：
科学普及出版社，2013
　　ISBN 978-7-110-07794-8

　　Ⅰ .① 走… Ⅱ .① 西… Ⅲ .① 机器人－基本知识Ⅳ .① TP242

中国版本图书馆 CIP 数据核字 (2012) 第 158123 号

出 版 人：苏　青
策划编辑：肖　叶
责任编辑：肖　叶 齐宇 鲁晓
封面设计：阳　光
责任校对：林　华
责任印制：马宇晨
法律顾问：宋润君

科学普及出版社出版

北京市海淀区中关村南大街 16 号　邮政编码：100081

电话：010-62173865　传真：010-62179148

http://www.cspbooks.com.cn

科学普及出版社发行部发行

北京盛通印刷股份有限公司印刷

开本：720 毫米 ×1000 毫米　1/16　印张：12.75　字数：140 千字

2012 年 7 月第 1 版　2013 年 7 月第 2 次印刷

ISBN：978-7-110-07794-8 /TP · 211

印数：5001-10000 册　定价：78.00 元

（凡购买本社的图书，如有缺页、倒页、脱页者，本社发行部负责调换）

前　言

　　《走进乐高机器人》是关于乐高机器人制作方面的专业书籍，全书循序渐进地介绍了从认识乐高机器人的软硬件、结构搭建到编写程序，进而让一个个机器人工作起来的过程。学完本书的全部内容，你就能成为玩乐高机器人的高手。

　　本书共十章内容。除第一章详细介绍了乐高机器人的基础硬件、软件知识外，其余各章均以"活动介绍"、"学习目标"、"任务要求"、"设计要求"、"参考模型搭建步骤"和"参考程序及说明"等几个部分为主要内容。

　　"活动介绍"会概括本章所涉及的内容或活动发生的情境，很多情境和创作的想法都源自身边的生活，如果大家多多观察，就会感觉到许多机器人创作的灵感。

　　"学习目标"会介绍每一章节中所涉及的学习重点，一般包括软件模块的使用和编程方法的学习，还会涉及一些关于机器人结构、搭建方法的内容。第一册会侧重于软件使用和模块的学习。

　　"任务要求"会列出本章中的机器人要完成的几项任务，一般都是从简单开始，每一步任务都会完善程序，让机器人的运动更有趣、更仿真、更人性化。"任务要求"中提到的任务，是机器人要实现的基本运动，往往会伴随着"学习目标"中涉及的内容进行。如果你是初玩乐高机器人的爱好者，希望你首先开动脑筋，完成"任务要求"中的任务，再自行设计任务和创意发挥。

　　"设计要求"会提出设计模型的要求和在搭建过程中的注意事项，以规避后期改动带来的麻烦。

"参考模型搭建步骤"会提供一个参考搭建的范例，一旦你没有更好的想法和灵感，还可以参照范例。不过建议学员尽量自行设计模型，多多发挥自己的想象，创造自己的机器人。

"参考程序及总结说明"部分介绍了机器人实现"任务要求"中每项任务的程序编写步骤。它包括每个模块的参数说明和测试后的调整方法，还有在操作过程中应该注意和了解的内容。同样，希望学员可以先自行编写程序，调试到成功；如果感到困难，再去参考书中的程序。

在每章内容的最后特别设计了"学习心得"版块，学员可以将这个版块合理利用，将每次创作后的感受和自己在学习过程中的重点难点记录下来，方便日后的复习和总结。

另外，在第四、第五、第七、第十章这四章中还分别加入了"试一试"小节。这部分会根据本章内容提出新任务或者新创意，以激发学员新的兴趣，期待学员努力尝试！

让我们一起来学习《走进乐高机器人》的内容，体验乐高机器人带给你的无限快乐吧！

本书在编写过程中难免有不妥之处，欢迎一线教师、科研人员、乐高机器人爱好者及广大使用者批评指正，帮助我们今后对此书做进一步修订。

西觅亚技术研发部

目 录 contents

第三章 交通灯

第四章 多边形和圆

第五章 碰碰车

第九章 高尔夫机器人

第十章 高尔夫球洞

第一章
乐高机器人硬件、软件介绍

"乐高多创意，件件靠心思"
科学与技术的完美结合
让它可以承载更多的创意
不仅让孩子们爱不释手
也让许多成年玩家为之着迷

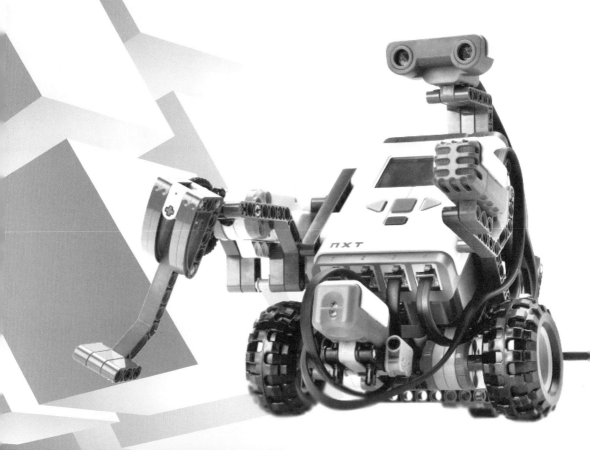

在硬件方面，LEGO 机器人的零件精度高，均采用高质量的 ABS 工程塑料材料制作，精度极高，误差不超过 5 微米，达到了工业工程中高标准级别的质量。零件可反复拼插使用达 1 万次以上，寿命长达 5 年以上，不会受外界温度影响而变形或收缩，具有安全、环保、无毒、耐磨等特点。LEGO 机器人套件的拼插方式非常容易让人们接受。LEGO 机器人套件有两种拼插方式，一种是凸点式拼插方式，一种是结构键拼插方式。不但可拼可拆，拼错可以修改，而且可以仿照搭建步骤进行拼插，也可以自行设计、组装，变化无穷，具有无限延伸的特点。而一般的机器人玩具或者教具多是固定的模型，不方便拆卸或是改装，因此外形与功能比较单一，不可改变。因此 LEGO 机器人套件的可变性要优于其他的机器人玩具或教具，可以随意创新，大大地激发了孩子们和各界 LEGO 爱好者的兴趣，自然成为更多人的首选。

在软件方面，LEGO 机器人的编程软件是 NXT 2.0 Programming 和 ROBOLAB 2.9，是专门的 LEGO 机器人编程软件，它们都是图形化编程软件，很方便初学者进行学习，可读性也很强。

本书使用的器材是 9797
LEGO MINDSTORMS
Education NXT, 简称 9797。

1-1 硬件组成与软件组成及安装

1-1-1 硬件组成

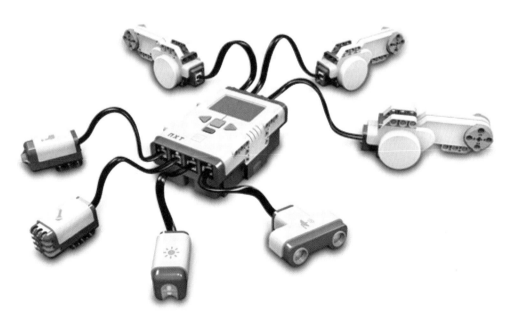

LEGO 9797 蓝牙机器人硬件是由 NXT 控制器、伺服电机（马达）、传感器和 400 多块 LEGO 积木组成。

NXT 控制器就像人的大脑；伺服电机就好比人的肌肉，提供动力；传感器就像人的感觉器官，用来采集外界的数据信号，然后反馈给"大脑"（NXT 控制器）进行处理。

1-1-2 软件组成

The LEGO® MINDSTORMS® Education NXT Software 是使用 LabView™引擎开发的图形化编程软件，该软件入门起点低、拓展面广，具有循序渐进式的人性化用户界面，整个编程界面只使用了 43 个命令图标，编程速度更快，功能更强大。软件共分为"模块界面、编程区、控制面板、参数设置面板和教学区"五部分。相比其他图形化编程软件，该软件在功能上做了很大提高，具体特点如下：

一、基于 Labview 图形化编程语言（G 语言）

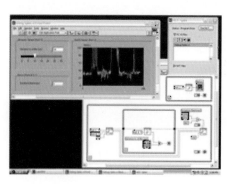

NXT

G 语言 (Graphical Language)。它是一个划时代的高效用图形化编程开发环境。它提供了一种更快捷的程序编写方法，编程环境直观明了，它由几百个模块组成，用一个个图形模块代替传统的编程语句。例如循环、条件等都有相应的图标，可以完成所有 C 语言和 VB 等语言的功能，设计者只需要把所需的图标从功能模块中抓取下来进行连线即可实现程序编写，无需编写任何代码。它虽与传统编程的表现形式有根本区别，但其编程的逻辑思维与传统编程一样，同 C 语言和 V B 等语言一样，都是计算机的编程语言。所有这些特性使 G 语言更易于学习，从而减少程序开发时间，提高编程质量。

二、循序渐进式的人性化用户界面

　　交互式快速入门向导分为三个等级编程模块区，从易到难，从基本模块到高级模块。38 个编程模块，入门更加方便、快捷。

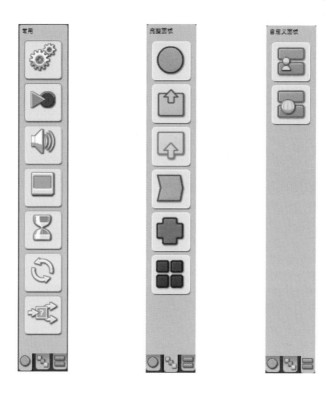

三、 任务驱动式的学习环境——46 个活动案例

四、 方便的课堂管理

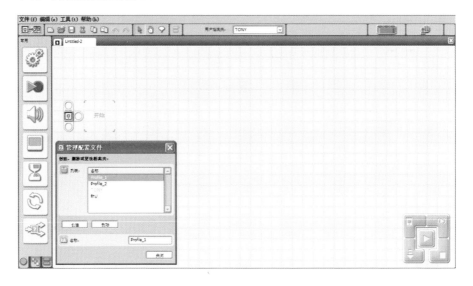

　　使用"编辑"菜单中的"管理配置文件"可以建立个人档案，当有多个学生使用同一台电脑时，可以为每一个上课的学生建立个人程序管理档案，有效地管理每一个学生编写的程序。

1-1-3 软件安装

系统配置要求

在我们安装 LEGO® MINDSTORMS® Education NXT Software 软件之前，要确信电脑系统配置满足最低要求。

PC 机配置要求

- 操作系统要求为 Windows XP 专业版或者家庭版，并且要带有 SP2 补丁
- 处理器要求为英特尔奔腾处理器或者最小为 800MHz 的处理器（推荐 1.5G 或者更高）
- 内存最小为 256M（推荐 512M）要有大于 300M 的可用硬盘空间
- 1 个可用 USB 端口和 CD-ROM 光驱
- 支持蓝牙适配器（可选）

MAC 配置要求

- 操作系统要求为苹果 Mas OS X 10.3.9 或者 10.4
- 处理器要求为 G3、G4、G5 代处理器，最小要为 600MHz
- 内存最小为 256M，要有大于 300M 的可用硬盘空间
- 1 个可用的 USB 端口和 CD-ROM 光驱
- 支持蓝牙适配器（可选）

PC 机上安装步骤

退出电脑上打开的程序窗口，将安装光盘放进光驱托盘。

如果发现电脑没有自动安装软件，单击电脑屏幕左下角"开始"按钮，点击"运行"并输入"G:\autorun.exe"（G 为光驱的盘符）。

接下来按照屏幕上提示的步骤安装。

1-2 NXT 控制器介绍

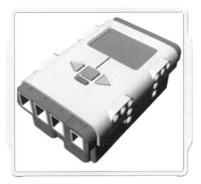

NXT 控制器（简称 NXT）是 LEGO 机器人组件中最重要的元件。上方 A、B、C 是三个输出端口，用来连接伺服电机（马达）和灯，还有一个 USB 孔，是用来连接电脑和 NXT 控制器的。下方的四个输入端口是用来连接传感器的端口。（产品编号：9841）

部位名称	性能参数
主处理器	32 位 ARM7 处理器 AT91SAM7S256 256K 闪存，64K 静态内存 主频：48MHz
协处理器	8 位 AVR 处理器 ATmega48 4K 闪存，512 字节静态内存 主频：9MHz
蓝牙无线通讯	蓝牙核心规范 2.0 + EDR 系统 支持串口规范 内置 47K RAM，外置 8Mbit 闪存 主频：26MHz
USB2.0 通讯	传输速度 12Mbit/s
输入端口	4 个 6 线数字接口，支持数字和模拟接口 1 个高速端口，符合国际总线标准 IEC 61158 TYPE–4/ 欧洲标准 EN 50170
输出端口	3 个六线数字接口，支持解码器信号输入
显示屏	100x64 像素黑白图像显示 可视区域 26mm x 40.6mm
扬声器	8 位分辨率的输出频道 支持 2–16kHz 采样率
电源	6 节 AA 电池，1400/2500mA 的锂电池板
连接线	6 线工业标准连接线 RJ12 右侧卡口

1-3 安装电池

    NXT 控制器可以安装两种电池，一种是 6 节 5 号碱性电池，一种是 9797 套装组件自带的可充电锂电池。

安装碱性电池

推荐使用碱性电池

1.5V LR 6 (AA) 6x

NXT 也可以使用 AA/LR6 类可充电电池，但是充电电池没有碱性电池的输出扭矩大。

注意

❶ 不能在 NXT 内使用不同类型的电池。

❷ 要及时将用完的电池取出。

❸ NXT 长期不使用时要将里面电池取出。

❹ 不能在 NXT 内直接对 AA/LR6 类充电电池充电。

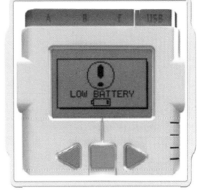

当 NXT 显示电量低时，这个电量图像会不停地闪动

安装充电锂电池

提供 NXT 所需的电力，安装在 NXT 控制器的背面。如果锂电池没有电可以使用充电器为电池充电。LEGO 9797 套装中没有电池充电器，需要单独购买。

（产品编号：9693）

安装充电锂电池前先要把 NXT 控制器的后盖打开，操作如下：

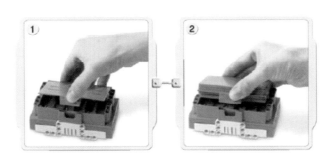

锂电池充电方法及说明：

在充电时，可以将锂电池从 NXT 控制器上取下。将电源适配器与外接电源连接，充电电池直接与适配器连接，当充电电池没有安装在 NXT 上时也能完成充电。

　🔲 当电源适配器与电池连接时，电池上绿灯会亮。

　🔲 当电池充电时候，电池上面红灯会亮，当充满电时红灯将熄灭。

　🔲 将一块空电量电池充满大约需要 4 小时，且长时间充电并不会损坏 NXT。

　🔲 当电池正在充电时也能正常使用 NXT，但充满电需要更长的时间。

　🔲 充电电池能反复充电 500 次以上。

　🔲 当第一次使用充电电池之前，要将电池与 NXT 安装在一起，放电大约 20 分钟，在充电电池电量完全耗尽时，再开始充电。每次充电之前也应这样做。

1-4 NXT 伺服电机及传感器

NXT 伺服电机

如右图所示，内置角度传感器可以测量速度和距离，达到精准控制：

- 当机器人运行时，可以校准速度。
- 控制精度可以精确到 1°。
- 电机上的孔结构更容易固定和安装。

每个电机内置一个角度传感器，能准确地控制电机转动，角度传感器测量电机转动能精确到 1°，电机转动 1 圈等于 360°，因此，如果在程序里设定电机转动 180°，电机输出时将转动半圈。这就是机器人动力的来源。在 9797 套装中配备有 3 个电机。（产品编号：9842）

NXT 传感器特性

触碰传感器

前端带有十字孔，方便制作缓冲器。在 9797 套装里有两个碰触传感器，其他传感

器都只有一个。（产品编号：9843）

光电传感器

可以从红外发射管的反射光来读值，读取被测物体的反射光强度；也可以将红外发光管关掉，从而达到只读取环境光的强度。多用于判断颜色深浅，识别场地中的明线或暗线。（产品编号：9844）

声音传感器

用来测量周围环境声音的强度。测量单位有dB（分贝）和dBA（调整分贝）两种。（产品编号：9845）

超声波传感器

能测量距离，单位是厘米和英寸两种。范围在 6~250cm 之间，检测误差 ±3cm，检测角度为 150°。它能通过检测距离识别物体运动。（产品编号：9846）

连接线

USB 数据线

用来下载或者上传程序、数据，一端连接电脑的 USB 孔，另一端连接到 NXT 上标志 "USB"

的孔。

串接导线

一端是水晶头，一端是凸点接口，是 NXT 用于连接乐高灯和 RCX 的电器件。在 9797 中配有 3 根。

导线

6 线制，两端带有水晶头的导线，用于 NXT 连接各种传感器和电机，并传输电流和数据。在 9797 中配有、3 种规格共 7 根导线，分别是 1 根 20 厘米、4 根 35 厘米、2 根 50 厘米。

1-5 其他零件介绍

1. 齿轮

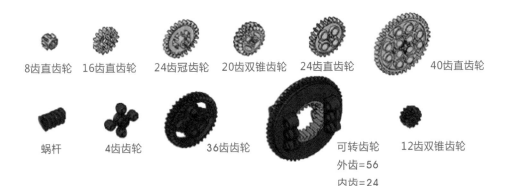

2. 轴

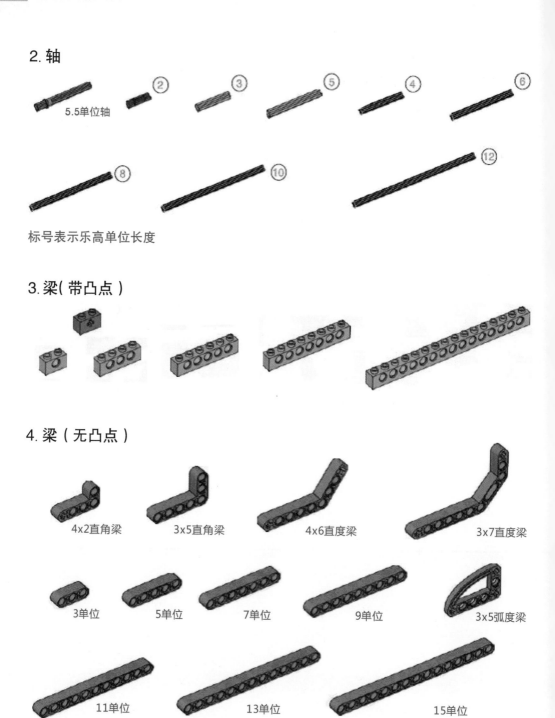

5.5单位轴

标号表示乐高单位长度

3. 梁（带凸点）

4. 梁（无凸点）

4x2直角梁　　3x5直角梁　　　4x6直度梁　　　　3x7直度梁

3单位　　5单位　　7单位　　9单位　　3x5弧度梁

11单位　　13单位　　15单位

5.销

双排连接销

手柄式连接销

轴连接销

轴连接销(带摩擦)

双排灰色连接销

长连接销(带摩擦)

短连接销(带摩擦)

有轴套的连接销

灰色直角连接销

6.连接线（轴套）

十字型连接器

长十字型连接器

双十字型连接器

联轴器

半轴套

轴套

2x1轴套

180度连接器

7.皮带和滑轮

8.轮胎

9. 板和砖

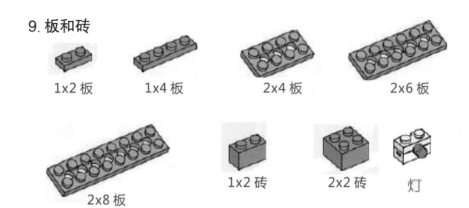

1x2 板　　1x4 板　　2x4 板　　2x6 板

2x8 板　　1x2 砖　　2x2 砖　　灯

1-6 NXT 显示屏上各标志的解释及操作说明

一、NXT 显示屏标志

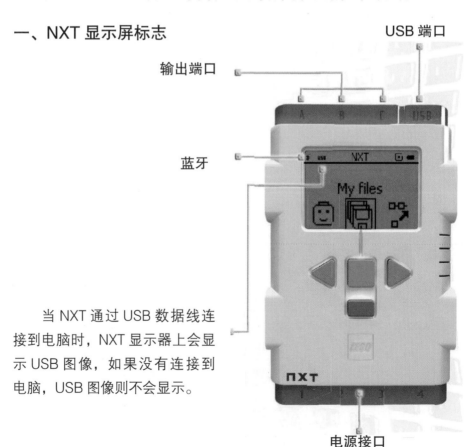

USB 端口

输出端口

蓝牙

电源接口

当 NXT 通过 USB 数据线连接到电脑时，NXT 显示器上会显示 USB 图像，如果没有连接到电脑，USB 图像则不会显示。

USB 端口

连接 USB 数据线，可以从电脑下载程序到 NXT（或者从 NXT 上传程序到电脑），也可以使用蓝牙连接电脑来下载和上传程序。

输出端口

NXT 智能积木块有三个输出端口，分别为 A、B、C，可以连接电机和灯泡。

蓝牙

蓝牙图像可以显示当前蓝牙的连接状态，如果蓝牙图像没有显示，说明蓝牙没有打开。

运行图像

当 NXT 打开时，这个图像会显示出来，并不停地旋转，如果图像静止不动，说明 NXT 死机，需要进行重新设置（按下控制器背面左上角复位键 4 秒左右，并打开 NXT 电源重新下载固件）。

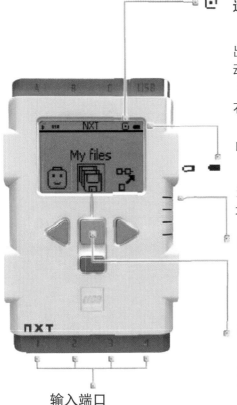

电量图像

电池图像显示当前 NXT 电量级别，当电量低于 10% 时，电池图像会不停地闪动。

扬声器

当有声文件保存在声音程序中时，我们能通过扩音器听到它们的声音。

NXT 按钮

橙色按钮为开 / 关、运行按钮，左右两灰色按钮为导航键，可以进行选择，下面灰黑色按钮为返回按钮。

输入端口

NXT 有四个输入端口（1、2、3、4），连接不同的传感器，通过转换线可连接 RCX 系列传感器。

0/9

关闭 NXT

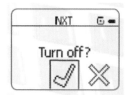

连续按灰色按钮直到出现左图画面。

按下橙色按钮就可以关闭 NXT，按下灰色按钮就可以返回到 NXT 主菜单。

NXT 屏幕在任何状态，长按灰色按钮也可直接关闭 NXT。

二、NXT 控制器重命名

NXT 控制器可以个性化重命名，通过软件中 NXT 控制面板进行修改。

在 NXT 控制面板里，我们可以重新设置 NXT 名字，并可以查看当前 NXT 连接方式、电池电量、NXT 可用空间和当前 NXT 的固件版本。

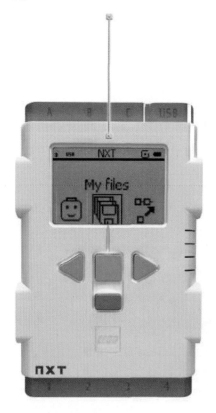

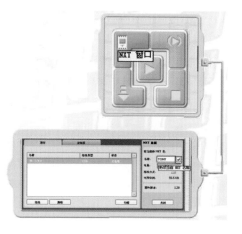

三、NXT 控制器全貌

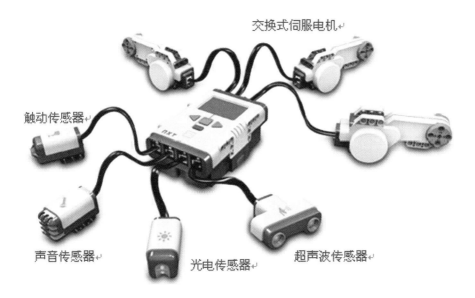

交换式伺服电机

触动传感器

声音传感器　　光电传感器　　超声波传感器

　　NXT 控制器是 LEGO® MINDSTORMS® 教育机器人的大脑，它有三个输出端口、四个输入端口和一个 USB 端口。

　　伺服电机通过连接线可以连接到 NXT 控制器的任意输出端口（A、B、C）上，也可以使用套装内的转换线缆将灯泡和 RCX 系列的电机连接到输出端口上，在 NXT 上电机或灯泡默认设置如下：

▣ 端口 A：此端口上电机或灯泡起到扩展功能的作用。

▣ 端口 B：当机器人由两电机驱动运动时，B 端口连接一个电机，通常是机器人左边的驱动部分。

▣ 端口 C：当机器人由两电机驱动运动时，C 端口连接一个电机，通常是机器人右边的驱动部分。

传感器通过连接线可以连接到 NXT 控制器任意输入端口（1、2、3、4）上，也可以使用套装的内转换线缆将 RCX 系列的传感器或第三方传感器连接到输入端口上，在 NXT 上传感器默认设置如下：

- 端口 1：连接触碰传感器
- 端口 2：连接声音传感器
- 端口 3：连接光电传感器
- 端口 4：连接超声波传感器

四、NXT 控制器各个面板操作说明

NXT 控制器包含 6 个操作菜单，分别为"My Files"、"Try Me"、"Settings"、"Bluetooth"、"View"、"NXT Program"，下面简单介绍每个操作面板功能。

v2.0 版软件新增数据采集功能，在 NXT 控制器中添加了"NXT Datalog"菜单，该功能将在以后重点说明。

图标及功能介绍

该菜单内可以保存在 NXT 上编写的程序和从电脑上下载的程序。

可以测试程序里传感器和电机的工作状态。

不需要在电脑上编写程序来控制机器人，可以通过在 NXT 控制器上编写程序控制机器人。

该操作面板可以查看 NXT 的不同设置，例如 NXT 扬声器、关机模式、NXT 版本信息，还可以删除 NXT 内保存的程序。

在查看菜单里，可以快速查看当前传感器和电机的工作状态和数据，能方便我们在程序设计中设置传感器和电机的参数值。

可以通过蓝牙无线技术使 NXT 与其他蓝牙设备进行连接，如：NXT 设备、手机（带有蓝牙功能）和电脑。也可以使用蓝牙而无须 USB 连接线将程序从电脑上下载到 NXT，甚至可以下载程序到手机，用手机来控制 NXT 机器人。

1.NXT 主菜单——My Files

"我的文件"菜单内包含有"程序文件"、"NXT 文件"和"声音文件"。

注意：从电脑上下载或在 NXT 上编写的程序中若包含声音程序，程序会自动保存到相应的文件夹，但声音数据会被保存在"声音文件"中。

Software files

存放从电脑下载的程序

NXT files

存放在 NXT 控制器上编写的程序

Sound files

保存的声音文件

2.NXT 主菜单——Try Me

可以测试程序里传感器和电机的工作状态。

注意: 在测试之前要保证电机、灯泡和传感器连接端口为默认设置端口, 这样才能正常测试。

下面以触碰传感器为例进行简单操作说明:

按下橙色按钮进入 "Try Me" 菜单, 通过灰色导航键选择 "Try-Touch"程序, 按橙色确认键进入并运行程序。

按下触碰传感器的开关, 触碰传感器此时必须连接在 1 号输入端口上。

该程序显示一直循环, 触发条件为触碰开关被压下, 按下灰黑色键退出程序。

注: 可以选择不同的传感器来测试, 学习传感器的使用和各程序图标的功能!

3.NXT 主菜单——NXT Program

不需要在电脑上编写程序来控制机器人时，可以通过在 NXT 控制器上编写程序控制机器人。

注意：在开始之前要保证电机、灯泡和传感器连接端口为默认设置端口。

触碰传感器连接在 1 号输入端口，电机分别连接到 B、C 输出端口。

注：以触碰传感器为例来编写简单的程序控制机器人，体会编程过程。

要求：

机器人首先保持向前的直线运行，直到触碰传感器开关被按压时机器人返回；重新保持向后的直线运动到触碰开关再次被压下时，机器人又向前运行。程序照此过程循环执行，其编写方法如下：

选择该图标表示向前运行

选择触碰开关被按下图标

选择该图标表示返回

再次选择触碰开关　　　选择该图标表示程序　　　选择运行图标开始
被按下图标　　　　　　将循环执行　　　　　　　执行程序

　　把在 NXT 上编写的程序进行保存，程序将被自动保存在"NXT Files"中，以后可以在该文件夹中打开保存的程序。

　　下面，编写以下程序，体会如何在程序中使用各种传感器。

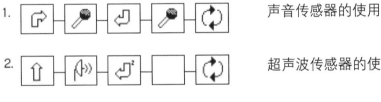

1.　声音传感器的使用

2.　超声波传感器的使用

3.　光电传感器的使用

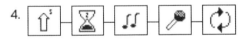

4.　其他功能图标的使用

4.NXT 主菜单——Settings

　　该操作面板可以查看 NXT 的不同设置，例如 NXT 扬声器、关机模式、NXT 版本信息等操作面板。可以分别对扬声器声音大小、关机时间进行更改，也可以删除 NXT 内保存的程序。

关机模式

　　当 NXT 没被使用时，可以设置在 2、5、10、30 分钟或者 60 分钟后自动关机，当然也可以不设置，这样 NXT 会一直处于开机状态直到将它关闭或电量耗尽。

注意：**这样电池电量会消耗很快！**

扬声器设置

　　左右箭头可以减小和加大扬声器发出的声音，当显示为"0"时表示声音关闭，显示"4"时表示扬声器声音设置最大。

删除程序

　　该操作可以删除 NXT 内五个子文件夹中的程序，分别为"Software files"、"Nxt files"、"Sound files"、"Datalog files"和"Try ME files"。

5.NXT 主菜单——View

　　在查看菜单里，可以快速查看当前传感器和电机的工作状态和数据，方便在程序设计中设置传感器和电机的参数值。

注意：当查看电机或传感器数据时，要保证电机和传感器与 NXT 连接的端口要与选择查看的端口对应。

　　各种传感器默认端口的说明在本节前面"NXT 控制器全貌"中已经介绍，请大家对照参考。

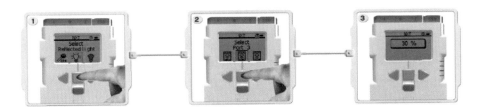

选择要查看电机或传感器的图标，注意：每次只能读取一个电机或传感器的数据。

选择和当前电机或传感器与 NXT 连接相对应的端口。

NXT 显示屏上将会显示当前电机或传感器工作的数据值。

6.NXT 主菜单——Bluetooth

可以通过蓝牙无线技术使 NXT 与其他蓝牙设备进行连接，如：NXT 设备、手机（带有蓝牙功能）和电脑。还可以在不使用 USB 连接线的情况下，通过蓝牙将程序从电脑上下载到 NXT，甚至可以下载程序到手机，用手机来控制 NXT 机器人。

对 NXT 蓝牙进行设置，打开 NXT 蓝牙

选择 "Search" 图像后，NXT 会自动搜索其能连接到的蓝牙设备。

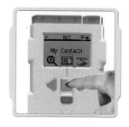

　　"My Contacts"列表里显示 NXT 搜索到的蓝牙设备，这些蓝牙设备无须密码就可以给 NXT 发送数据，使用"Search"功能可将蓝牙设备添加到"My Contacts"列表里。

　　"Connections"里面显示当前与 NXT 连接的蓝牙设备，若 NXT 为主机（占用 0 信道），可以连接三个蓝牙设备（在 1、2、3 信道），但一次只能与其中一个蓝牙设备进行连接。

1-1 NXT 控制器的通讯

一、使用 USB 连接

PC 机上连接 NXT

 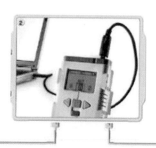 

打开 NXT 控制器　　用 USB 数据线将 NXT 与 PC 机连接　　电脑会发现新硬件并自动安装

注意：在将 NXT 连接到电脑之前，要确信电脑上已经安装有 LEGO® MINDSTORMS® Education NXT Software。

MAC 机上连接 NXT

　　将 NXT 连接到电脑之前要确信电脑上已经安装有 LEGO® MIND-STORMS® Education NXT Software。

　　打开 NXT 电源，用 USB 数据线将 NXT 与电脑进行连接。

二、使用蓝牙无线通讯

蓝牙通讯技术实现了无线连接，能在短距离间发送和接收数据，安全性能高，速度快。

使用蓝牙无线连接功能，能在 NXT 与电脑或其他蓝牙设备之间建立无线连接，例如其他 NXT 设备、手机（具有蓝牙功能）和电脑。

一旦建立蓝牙连接，将能实现以下功能：

个需要 USB 数据线就能从电脑下载程序到 NXT。

不仅电脑能发送程序到其他设备，NXT 也能通过蓝牙技术发送数据到其他设备。

能同时发送程序到不同的 NXT 设备或一个工作组，一个工作组最多能有三个 NXT 设备。

如果你的手机具备蓝牙功能，你就能使用它来控制 NXT 机器人。NXT 机器人拥有蓝牙功能，因此我们可以将它作为一种高级传感器来使用，比如摄像传感器。

在进行蓝牙连接之前，电脑必须具有蓝牙功能，若电脑没有内置蓝牙功能，必须安装一个蓝牙适配器，同时确保蓝牙适配器要与 NXT 机器人能够很好地兼容。

通过蓝牙技术在电脑上连接 NXT

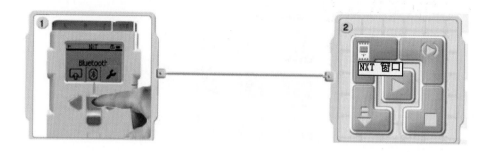

　　首先打开 NXT，确保蓝牙处于打开状态，并且电脑必须具备蓝牙功能。

　　在 NXT 编程软件右下角找到 NXT 控制面板，打开控制面板，搜索蓝牙设备并进行连接。

三、蓝牙通讯的简单介绍

注意：如果是从市场上购买的蓝牙适配器，并且安装时使用 windows 自带的驱动程序，则可以与 NXT 兼容，否则不能正常使用。

　　在电脑上连接蓝牙设备操作步骤如下：

　　首先电脑必须带有蓝牙功能或装有蓝牙适配器（能够与 NXT 兼容），打开 NXT 蓝牙。

打开电脑的蓝牙功能，点击"添加"按钮来添加蓝牙设备。

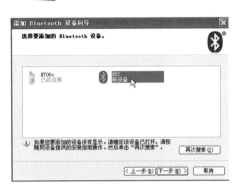

选择要连接的蓝牙设备，然后点击"下一步"。

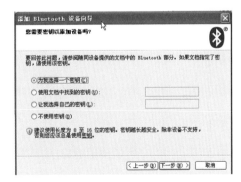

连接时电脑会提示我们设置一个密码或不设置密码，可根据自己的要求选择。

单击"完成"按钮完成添加。

033

打开 LEGO® MINDSTORMS® Education NXT Software，在下载程序之前，要在软件中对 NXT 进行搜索、连接，具体操作如下：

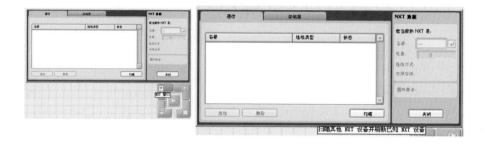

单击 NXT 控制面板左上角，打开 NXT 窗口。

单击"扫描"进行搜索蓝牙设备。

选择想要连接的蓝牙设备。

可以重新设置 NXT 机器人的名字，如改为"TONY"，确认后 NXT 显示屏上也会显示为"TONY"。

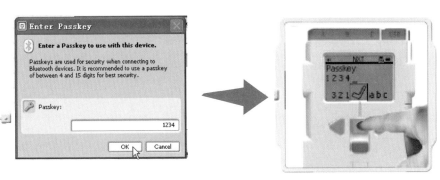

在第一次与 NXT 连接时会提示我们输入密码，默认密码为 1234，若不输入确认密码，则无法进行连接；一旦连接成功，第三方设备就无法进入它们的连接，不会进行干扰。

一旦连接成功，NXT 的名字、电量、连接方式、可用空间和固件版本信息都会显示出来。

单击"关闭"按钮完成连接。

在苹果机上连接 NXT 机器人步骤和在 PC 机上设置一样。

NXT 与 NXT 之间建立蓝牙连接

我们之所以能互相明白所表达的意思，是因为我们在用语言和肢体语言交流。NXT 机器人通过蓝牙无线技术也能够在彼此之间进行数据传递，同样能够实现交流，能给我们无限的创意空间。下面介绍在 NXT 之间如何进行蓝牙连接。

通过"Visibility"，我们可以将 NXT 设置成对其他蓝牙设备为可见"Visible"，或不可见"Invisible"。

密码可以保证只有指定蓝牙设备才能连接到 NXT，无论什么时候，只要是第一次连接蓝牙设备到 NXT 都需要输入默认密码 1234 或自己设定的密码，其他的蓝牙设备必须输入密码才能完成连接。

可以打开或者关闭蓝牙功能，如果关闭蓝牙功能，NXT 就不能发送和接收数据，只能通过 USB 数据线来下载程序。但为了节省电量，可以在不用蓝牙功能的时候将其关闭。

注意：蓝牙在默认状态下是关闭的。

在显示屏上打开蓝牙子菜单。

选择"Search"菜单搜索其他蓝牙设备，NXT 会自动搜索在 0~10 米范围内的蓝牙设备（可能范围会超过 10 米）。

经过几秒钟的搜索后，NXT 会把搜索到的蓝牙设备显示在屏幕上。

选择想要连接的蓝牙设备。

对想连接的蓝牙设备选择一个信道进行连接，可以为 1、2 或 3 号信道，可以同时连接 NXT 到三个不同设备。

连接成功后，在连接信道上会显示出连接设备的名字。

如果是第一次连接，NXT 需要输入密码，默认密码为 1234，也可以输入自己设定的密码。其他蓝牙设备必须输入密码才能进行连接，也就是说两个蓝牙设备之间要进行连接必须输入同一密码。

如果想连接更多的蓝牙设备，可以先搜索其他蓝牙设备或者在"My Contacts"菜单中选择一个设备进行连接。

NXT 与 NXT 之间数据的传递

从一个 NXT 发送程序到另一个 NXT 非常简单，操作如下：

在发送程序之前要确认 NXT 与要接收数据的 NXT 已经完成连接。
进入"My Files"菜单，选择要发送的程序。

选择"Send"，在 1、2 或 3 号信道选择要发送程序的连接设备，确认后就可以发送程序了。

1-8 软件入门

一、菜单和工具栏

先打开 LEGO® MINDSTORMS® Edu NXT 软件

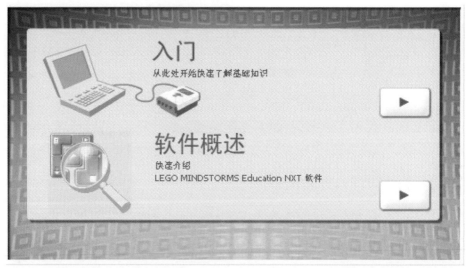

　　"入门"能让我们快速了解基本的操作,如:创建一个新的程序;编写简单的程序;如何在电脑上下载程序到 NXT 并运行程序;机器人教学区功能简单介绍等。

　　"软件概述"能让我们快速学习 LEGO® MINDSTORMS® Edu NXT 软件,介绍软件主要功能面板。

　　先来了解 NXT 软件的菜单和工具栏:

菜单

菜单	子菜单	功能描述
File(文件)	New (新建)	创建一个新的程序
	Open (打开)	打开一个程序
	Close (关闭)	关闭当前窗口的程序
	Save (保存)	保存当前窗口的程序
	Save as (另存为)	将当前程序另存为
	Page Setup (打印设置)	可以设置打印属性，如打印区域设置和打印机设置
	Print (打印)	可以打印 Printer/HTML File/RTF File 文件，可以选择打印隐藏的代码
	Exit (退出)	退出软件
Edit(编辑)	Undo (撤销)	撤消键入
	Redo (恢复)	恢复键入
	Cut (剪切)	剪切
	Copy (复制)	复制
	Paste (粘贴)	粘贴
	Clear (删除)	删除
Edit (编辑)	Make A New Block	创建一个新的模块
	Edit Selected My Block	编辑我的模块
	Edit MyBlock Icon	编辑我的模块的图象
	Manage Custom Palette	管理自定义面板
	Manage Profiles	脚本管理
	Define Variables	定义变量
	Define	定义常量
Tool(工具)	Calibrate sensors	校准传感器
	Update NXT Firmware	更新 NXT 固件
	Download to Multiple NXTs	同时给多个 NXT 下载程序

Help（帮助）	Contents and Index:	内容索引
	Online Support:	在线支持
	Online Updates:	在线更新
	Register Product:	产品注册
	About LEGO MINDSTORMS Edu NXT:	关于 NXT 软件的相关介绍

工具栏

工具栏说明	
	切换至 NXT 数据记录功能
	创建一个新的程序
	打开一个程序
	保存当前窗口的程序
	剪切工具
	复制工具
	粘贴工具
	撤销与重做工具
	指针工具
	手形工具
	注释工具
	创建模块工具

档案管理

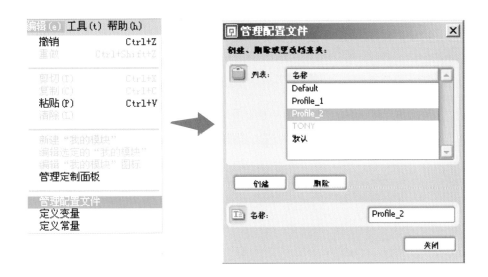

首先在"编辑"菜单下选中"档案管理"，打开"管理配置文件"对话框。

单击"创建"按钮创建一个档案夹，输入一个名字。

再次打开 NXT 软件进行程序编写时，打开"用户档案夹"下拉菜单选择自己的档案，当打开和保存程序的时候，所选择的档案文件夹将被设为默认文件夹。

脚本文件夹默认路径为 ..\ 我的文档 \LEGO Creations\MINDSTORMS Projects\profiles\ 档案名

同时自定义模块也保存在档案文件夹中。

二、软件面板

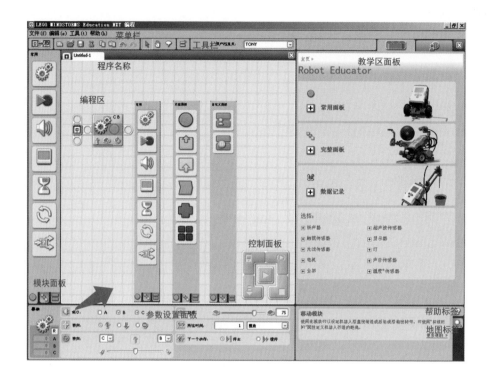

　　NXT 整个工作面板分为"模块面板"、"编程区面板"、"控制面板"、"参数设置面板"、"教学区面板"五个面板，下面对每个面板功能进行介绍。

1. 模块面板介绍

　　如图中所示"模块面板"又分为"常用面板"、"完整面板"和"自定义面板"三个面板。

　　"常用面板"包括常用的 7 个功能模块，从上到下依次为"输出功能模块、记录功能模块、声音功能模块、显示功能模块、等待功能模块、循环功能模块、分支功能模块"。

下面就"常用面板"中的每个图标功能作简单介绍：

模块	功能介绍
	可以设置 A、B、C 三个输出端口连接方式，电机输出方向、能量级别和延续时间等。
	记录 A、B、C 端口输出动作，可以设置记录时间，然后通过"播放"功能，将刚才 NXT 执行的动作复制出来。
	通过程序下载声音文件到 NXT，并保存在"Sound Files"文件中，可以选择软件自带的声音文件，也可以自己来编写。
	可以显示图像和文本，我们可以通过将"数字转换为文本"功能，将电机和传感器的数据适时显示在 NXT 屏幕上。
	有时间和传感器等待，包括触碰传感器、声音传感器、光电传感器和超声波传感器等待。
	包括"无限循环、时间循环、传感器循环、次数循环和逻辑判断循环"。
	分支条件有传感器和参数值判断，传感器分支包括"触碰、声音、光电、超声波、温度、角度、计时器、蓝牙通讯和 NXT 按妞"，参数值分支包括"数字判断、逻辑判断和文本判断"。

　　"完整面板"里面包括了所有编程模块，能完成 VB、C 语言所有的功能。我们可以将"常用面板"比作为 ROBOLAB 编程里的"导航者"级别，那么"完整面板"就相当于"发明家"级别。面板包括 6 个功能模块，每个功能模块里包含了子模块，从上到下分别为"基本功能模块、输出功能模块、传感器设置模块、结构模块、数据运算模块、高级功能模块"。

模块	功能介绍
	包含"常用面板"里所有的功能模块。
	输出功能模块，包括单电机、灯泡、发送信息（通过蓝牙）、声音和 NXT 显示器输出模块。
	可以设置 NXT 传感器、RCX 传感器、计时器传感器、NXT 按钮和接收信息（通过蓝牙）模块。
	包括"等待、循环、分支"结构功能模块和停止输出功能模块。
	可以定义变量，能进行数据运算，包括加、减、乘、除、大小、范围和逻辑判断。
	包括文本模块、数字转换文本模块、保持激活模块、文件存储模块、校准模块、重置电机模块。

"自定义面板"分为自己定义的模块和网上下载的模块，通过自定义模块，我们可以设置自己的功能模块，比如修改功能模块的参数或将几个不同的功能模块做成一个新的模块，实现一个新的功能，模块将自动保存在"我的文档"默认的"LEGO Creations"文件夹中，可以方便我们以后调用。

模块	功能介绍
	可以自己设计模块，根据需求可以设计成不同的图标，能进行个性化命名，将一段程序模块化可以把任务分解成若干小任务米单独完成，方便阅读。
	可以从网络上下载模块，满足自己的需求。

2. 控制面板

① 点击弹出 NXT 窗口，能查看 NXT 连接状态、可用内存空间、电池电量和固件版本等信息。

② 点击此按钮下载程序到 NXT，需要人为操作才能运行程序。

③ 点击此按钮下载程序到 NXT，当下载成功后 NXT 会自动运行刚下载的程序，方便我们调试。

④ 点击此按钮下载被选中的程序到 NXT 并运行，可以单独下载程序中的子程序（某段选中的程序）进行调试。

⑤ 点击此按钮为停止，中断正在下载的程序。

3. 编程区介绍

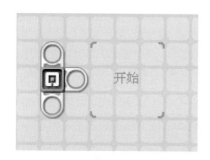

编程区是我们完成程序编写的区域，可以关闭教学区域来增大编程区的窗口，方便我们编写和阅读。

左图为程序开始图标。

编写程序时直接将要使用的功能模块从"模块面板"中拖拉到编程区进行设置即可。用鼠标移动模块，能将模块拖拉到编程区的任意位置，操作简便。

4. 参数设置面板

NXT 软件中只有 46 个功能模块（不包括自定义模块），但每个功能模块都有对应的参数面板，通过修改参数可以使模块实现不同的功能，相比 ROBOLAB 软件中，NXT 软件中每个模块集成了多方面的功能，下面举个例子看一下。

完成 A、C 两电机输出，运行 2 秒后停止。

在 ROBOLAB 软件中程序编写如下：

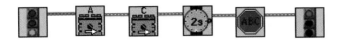

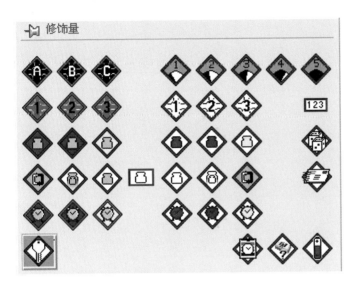

在 NXT 软件中编写程序如下：

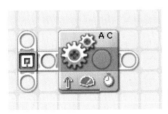

图 1

图 2

我们来比较一下，完成同一任务，在 ROBOLAB 软件中编写需要 4 个功能图标来实现，而在 NXT 软件中只需一个功能模块就能完成。如上图 1，模块对应的参数面板设置为图 2，其中包括了电机输出端口设置、运行方向设置、转弯设置、电机能量级别设置、持续方式设置和停止设置，可以看出，在 NXT 软件中编写程序会更方便和简洁，修改起来也非常容易，直接在参数面板里修改。

5. 教学区面板

点击"梁"图标进入机器人教学区。

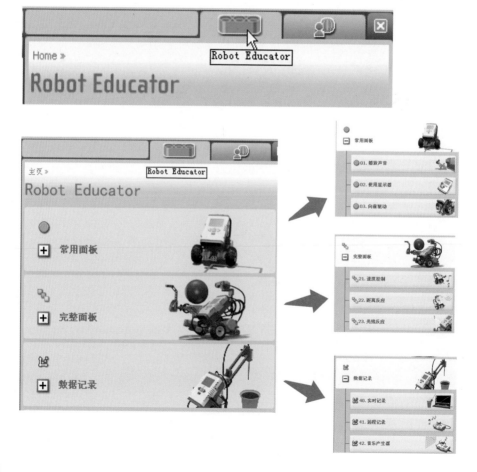

但是在每个面板里的每个教学演示都包括三部分，分别为"动画演示、搭建指南、程序指导"。

教学区里对电机、传感器、灯、扩音器和显示屏的操作都进行了讲解，通过教学区的学习，我们能够更快的了解电机和每个传感器的使用，其中还包括了搭建技巧和编程指导的学习，是我们快速入门的好渠道。

从这里我们可以访问乐高工程学网站和乐高教育网。

乐高工程学网站为教育工作者提供最快、最新的信息。

乐高教育网提供产品信息、校外活动、相关下载、合作伙伴等相关资料。

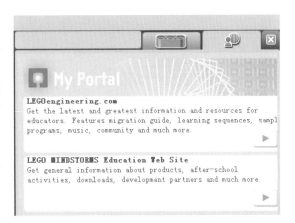

6. 我的第一个程序——GOOD JOB

到这里，我们已经了解和学习了 NXT 的硬件和软件，现在来编写一个简单的程序，理解程序是如何下载到 NXT 的。

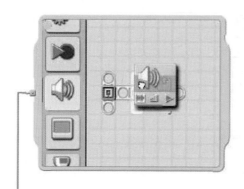

从 "模块面板" 中将"声音模块"拖到编程区，如图①所示。可以设置"声音模块"的参数，选择自己喜欢的声音，这样第一个程序我们就编写完成了。

使用 USB 数据线连接 NXT 与电脑，将程序下载到 NXT 中，在下载之前要保证 NXT 已经打开。

点击下载按钮，程序就通过 USB 数据线下载到 NXT 中了。

在 NXT 上运行下载的程序，看看输出结果和设想的是否一样！

学习心得

第二章
机器人动起来

创造出自己的机器人
让它随心所欲地动起来
机器人，我来啦！

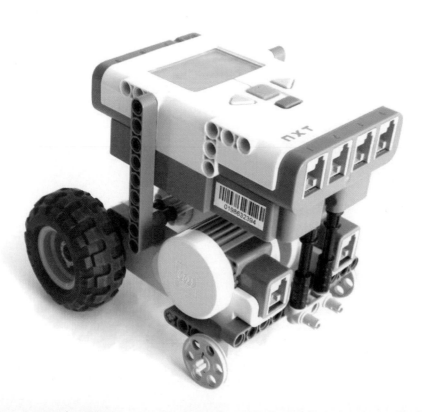

2-1 活动介绍

在这一章节中，将介绍两种对 NXT 机器人的编程方法，一种是在 NXT 上直接编写程序，另一种是在使用 NXT 2.0 Programming 软件进行程序编写。前者编程简单，操作容易，但程序的步骤和结构十分有限，不能完成复杂运动；后者是对 NXT 编程的主要方式，可以完成相对复杂灵活的运动和控制，是之后每一章节学习的主要内容之一。

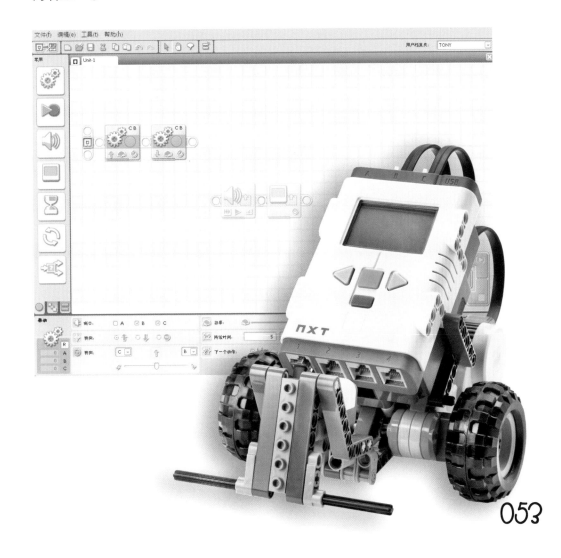

2-2 学习目标

❶ 设计并搭建一个结构简单的机器人小车。

❷ 学会使用 NXT 窗口编写程序。

❸ 利用 NXT 2.0 Programming 软件编程，学会使用"移动"模块，控制机器人的运动。

❹ 学会使用"声音"模块，控制机器人发出声音。

❺ 理解顺序结构的编程方式。

2-3 任务要求

任务 1：使用 NXT 窗口编写程序，让机器人小车能够前进、后退。

任务 2：使用 NXT 2.0 Programming 软件编写程序，让机器人小车完成任务 1 中的动作。

任务 3：让机器人在每个动作结束之后发出声音。

2-4 模型要求

❶ 设计并搭建出一个机器人小车，要求结构简单，结实牢固，使用

两个电机构造小车底盘。

❷ 注意机器人小车的主动轮和从动轮要方便转弯。主动轮的两轴不能连接在一起。从动轮可以使用滑轮、各种轮毂或者

万向轮。

❸ 机器人小车的两个马达最好连接在 B、C 端口。B、C 端口
是在同一个芯片上控制的，作为带动两个轮子的马达，更方
便端口之间的交互控制。

2-5 参考模型搭建步骤

第一步

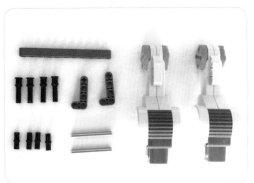

第二步

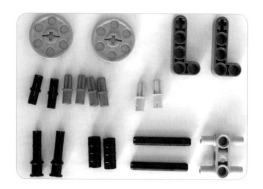

第三步

第四步

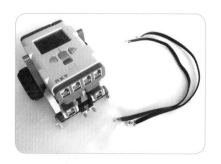 

两个电机的导线连接在 NXT 的 "B"、"C" 端口。

2-6 参考程序

任务 1:

让机器人小车前进（电机向前转动 5 圈），再后退（电机向后转动 5 圈）。

按下中间橘色键打开 NXT，显示出横向的菜单，有三个图标，按下向右箭头，选择 "NXT Program"。

之后会看到一个关于端口的说明，提示用户的触碰传感器连接在1端口，声音传感器连接在2端口，光电传感器连接在3端口，超声波传感器连接在4端口，左、右电机分别连接在B、C端口。不是每个端口都必须连接，在此只需要连接2个马达。

确认连接好之后，按确定键，进行编程。一共可以编写5个模块，第一个按照图中所示，选择带有"5"的向上箭头，"Forward 5"模块，使机器人小车前进（两马达正方向转动5圈）。

将第二个模块空出来，选择"Empty"。意思是没有任何等待，程序在运行第一个模块后，直接运行第三个模块。

第三个模块选择带有"5"的向下箭头，使机器人小车后退（两电机反方向转动5圈）。

第四个模块选择"Empty"，同样没有等待。

最后一个模块选择"Stop"，程序终止。

把机器人小车放在地面上，按下确定键，运行刚刚在 NXT 控制器上编写过的程序。观察小车是否会动。

任务 2:

在任务 1 中实现了机器人小车的运动，现在用 NXT 2.0 Programming 编程软件来完成这一动作（B、C 电机正向旋转 5 圈后，再反向旋转 5 圈）。

"常用面板"中的第一个模块"移动"，是用来控制各个端口电机的。把它拖动到程序线上。

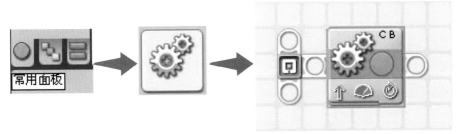

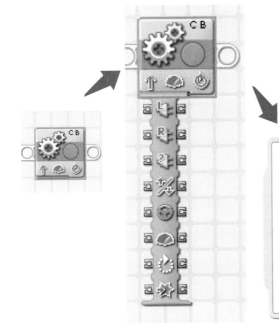

注意：如果在操作过程中不小心点击到模块的左下方边缘的突起部分，会下拉出数据中心，再次点击可以收回。数据中心的作用是用来完成模块之间的数据传递。

　　调整"移动"模块的参数，对机器人小车的运动进行控制，完成机器人小车的第一步骤的运动，即向前运动。

　　如下图所示"移动"模块有六项参数，分别是"端口"、"方向"、"转向"、"功率"、"持续时间"和"下一个动作"。

前进的参数设置为"端口"选"B"、"C";"方向"选择向上箭头;"功率"输入"100"或者滑动滑块到最右端;"持续"输入"5",单位选择"圈数";其他参数为默认。

> 注意:软件中会有两项"转向"参数和一项"持续时间"的参数,在本书中把上面的"转向"叫做"方向";"持续时间"叫作"持续"。

在已有的"移动"模块后面,再添加一个"移动"模块,来完成机器人小车的第二步骤的运动,即向后运动。

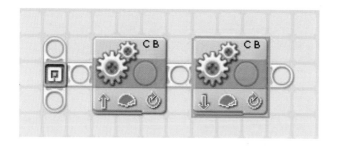

后退的参数设置为:"端口"选中"B"、"C";"方向"选择向下箭头;"功率"输入"100"或者滑动滑块到最右端;"持续"输入"5",单位选择"圈数";其他参数为默认。

任务 3：

　　分别在控制机器人小车前进和后退之后，让它发出一个有趣的声音。

　　在"常用面板"中找到"声音"模块。把它拖拉到前进运动、后退运动的模块之后。

　　"声音"模块有六项参数，分别是"动作"、"控制"、"音量"、"功能"、"文件"和"等待"。

　　输入两个"声音"模块的"音量"参数为"100"，或者拖动滑块到最右端。在"文件"参数里，选择一个喜欢的声音吧！

> 注意：一个"声音"模块只能播放一个声音文件或音节。

　　本章中我们了解到，如何在 NXT 中直接编写简单的程序。本书对这一部分只做简单的介绍，如转弯和传感器等待等功能也可以实现，请读者自学。

　　在 NXT 2.0 Programming 编程软件中，介绍了两个动作模块："移动"和"声音"，可以把它们当作 NXT 发出的"动作"，这样理解起来有助于后面章节的学习，NXT 的动作模块除此之外还有"灯"、"显示"和"发出信息"，共五种。

学习心得

第三章
交通灯

繁忙的乐高小镇上
需要一个交通灯
控制过往车流量
作为工程师的你可以帮帮忙吗

3-1 活动介绍

　　乐高小镇上的交警决定在这个镇上最繁忙的十字交叉路口上安装一个新的交通灯。请你帮助乐高小镇来搭建这个新的交通灯，并为它编写一个程序控制车辆。

　　本章主要学习灯与 NXT 控制器的拼插连接方式，在程序上将学到"灯"模块、"时间"等待模块和"循环"模块。

3-2 学习目标

❶ 学习使用"灯"模块，学会控制灯的开与关。

❷ 学习使用一种等待模块——"时间"等待，了解等待模块的意义。

❸ 学习使用"循环"模块，了解循环的意义。

3-3 任务要求

任务 1：启动程序后，绿灯亮 5 秒，之后灭掉。

任务 2：启动程序后，绿灯亮 5 秒，之后黄灯亮 2 秒。

任务 3：启动程序后，绿灯亮 5 秒，之后黄灯亮 2 秒，最后红灯亮 5 秒。

任务 4：让交通灯程序反复执行。

3-4 设计要求

❶ 设计、搭建出的模型结构要简单，如果交通灯的设计在 NXT 上，需将 NXT 架离地面，以保证支撑的稳定平衡。

❷ 灯要摆放在灯架上，或横排，或竖排，不可以随意放在桌面，或仅用导线连接。

❸ 注意导线与灯的连接方式，否则灯不会亮起。

3-5 参考模型搭建步骤

第一步

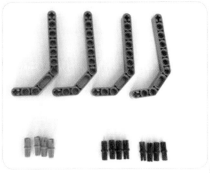

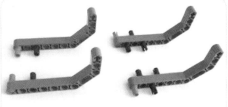

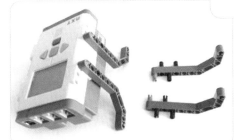

第二步

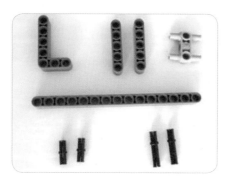

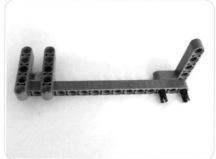

第三步

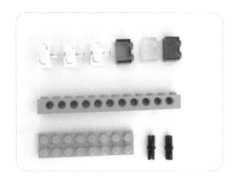

第四步

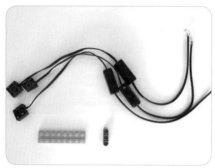

绿、黄、红灯分别连接在 NXT 的 "A"、"B"、"C" 端口。

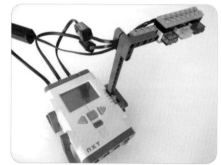

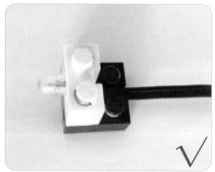

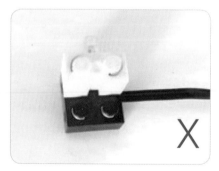

注意：导线的四个凸点极性不同，从图中方向来看，若上面两个凸点为正极，则下面两个凸点为负极。所以在灯与导线连接时，要特别注意是否拼插在导线的同极上。

3-6 参考程序及说明

任务 1

第一步是绿灯（A 端口的灯）
亮起。"灯"模块可以在"完整面板"
里的"动作"栏中找到。

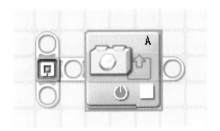

设置"灯"模块的参数。灯模块中有三项参数可以调整，分
别是"端口"、"动作"、"强度"。参数设置为"端口"选项
调整为"A"；"动作"选项调整为"on"；"强度"选项调整
为"100"，可拖动滑块或输入数字来调整这项参数。

第二步是让绿灯持续亮 5 秒钟。需要用到"时间"等待模块。
"时间"等待模块在"常用面板"中的"等待"工具栏里。将其
拖到灯模块的后面。

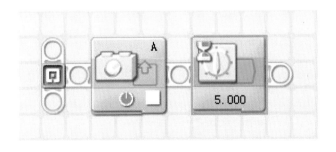

　　设置"时间"等待模块的参数。把"直到"选项的参数设置成为"5"。此模块的意义为等待 5 秒钟。

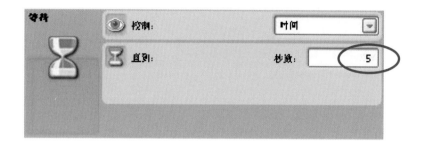

　　第三步是要把绿灯灭掉。在程序中添加一个"灯"模块，它的"动作"选项调整为"off"。

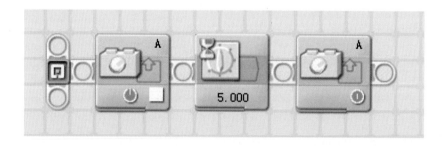

任务 2

在任务 1 中，绿灯灭掉之后，让黄灯（B 端口的灯）亮 2 秒钟。

参照"灯"和"时间"模块的参数设置和使用方法， 下面请试着动手完成任务 2。

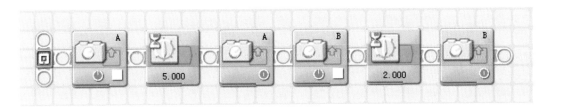

注意：两个"灯"模块的"端口"选项的设置，以及"时间"等待中的"直到"选项的设置。

任务 3

在任务 2 的基础上，添加红灯亮起 5 秒钟，之后灭掉。

通过这个任务我们可以熟练地掌握"灯"和"时间"模块的用法。

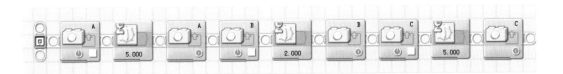

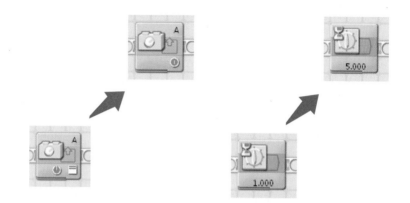

到现在读者朋友们有没有发现，在改动模块的某项参数的时候，此变化也会显示在模块图标上，可以很直观地辨别模块的含义。

任务 4

任务 3 完成了交通灯一次正常的循环，为让交通灯的这一过程反复运行 3 次。要使用"循环"模块来完成这项任务。

在"常用面板"中找到"循环"模块。

并把"循环"模块放在程序的前面。

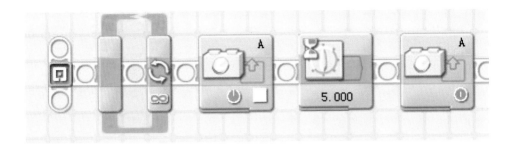

再选中要循环运行的程序段，也就是"循环"模块后面的 9 个模块，把它们拖拽到循环里面。

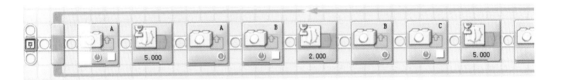

最后，调整"循环"模块的参数，设置为循环 3 次。

"循环"模块有两项参数设置，分别是"控制"和"显示"。

"控制"的意义是选择循环要以什么方式结束。软件默认的是"永久"，也就是不会结束，除此之外还有"传感器"、"时间"、"次数"和"逻辑"。在这里我们选择"次数"控制。选择后会出现"直到"选项，输入"3"。

"显示"项是询问是否使用"计数器"这个功能，在以后的章节中我们会向大家介绍它的使用。在这里我们使用默认的不启用"计数器"功能。

注意：循环里的程序段每次运行完毕之后，才对循环终止条件进行判断，终止条件在此时触发才有效，否则不会终止循环。也就是说，循环内的程序段在最后一个模块结束之前触发的终止条件不会让循环结束。

　　本章里我们学习了 3 个模块的使用，"灯"、"时间""循环"，学会了灯的开和关，对动作的时间控制，和用次数控制循环。循环是程序编写中经常用到的程序结构，它可以控制某段程序反复运行，直到终止条件被触发。熟练以后，可以自己设置 3 个灯的亮起时间和循环的次数，或者其他控制方式。

学习心得

第四章
多边形和圆

灵活的转向对于机器人来说很重要，转向的准确程度会影响机器人下一个动作的执行，这里我们将体会一下机器人几种转向特点，以适合不同条件下使用。

Ч-1 活动介绍

　　本章的学习内容是让机器人小车能够转向，走出曲线轨迹。通过控制两个电机的转动方向和速度，实现小车的转向。主要有3种转向方式：一个电机转动，另一个电机不动；两个电机反向运动；两个电机相同方向，不同速度的运动。总之，控制小车两侧的轮子速度不同，即可实现转向。另外，从动轮要选择光滑、与地面摩擦小的轮子或者万向轮。

Ч-2 学习目标

❶ 学习"移动"模块的使用，学会调整其中各项参数，让机器人的运动更灵活。

❷ 学习"循环"模块的使用，控制循环结束条件。

❸ 学习机器人小车转向的几种基本方法。

ㄩ-3 任务要求

任务 1：控制机器人小车走出一个正方形的轨迹，边长在 30 厘米到 50 厘米之间。

任务 2：控制机器人小车走出一个等边三角形的轨迹，边长在 30 厘米到 50 厘米之间。

任务 3：控制机器人小车走出一个圆形的轨迹，半径在 20 厘米到 50 厘米之间。

ㄩ-ㄩ 设计要求

❶ 设计、搭建出一个机器人小车，结构简单，结实牢固，使用两个电机构造小车底盘。

❷ 机器人小车的轮子设计要方便转弯和转向。通常从动轮会使用光滑一些的滑轮或者是万向轮。如果使用万向轮，请注意万向轮的转动和转向要灵活，不能给小车增加过大的侧向摩擦，使机器人转向不准确。

❸ 模型的重心要尽量在车体的中间，同时要保证小车主动轮的压力足够大，否则可能会出现主动轮打滑的现象，使机器人的运动不准确。

4-5 参考模型搭建步骤

相信各位读者对 LEGO 机器人组件套装 9797 封面上的机器人一定不陌生吧，这个车型的机器人形象生动，结构合理。本章和后面的几个章节中，将引用这个机器人作为参考模型，读者在搭建时要细心体会模型中结构巧妙的部分。

这个模型的搭建步骤在 NXT 2.0 Programming 软件中可以找到。打开 NXT 2.0 Programming 软件，在界面的右侧会有一个"教学区面板"，如果没有打开，可以单击右上橘色"积木块"打开。

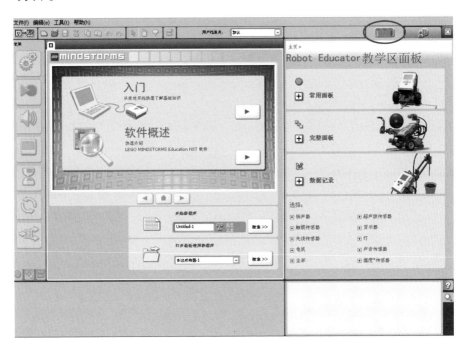

打开之后，选择"常用面板"中的"03.向前驱动"。

在这里将会看到"检测概要"、"构建指南"和"编程指南"三个部分。选择"构建指南"一项，点击"驱动基座"，将看到搭建的步骤，再点击"缩放"按钮，可以放大搭建步骤。

4-6 参考程序及说明

任务 1

机器人小车走出正方形的轨迹，主要由直走和转向两个动作完成。首先完成直走的动作，拖出一个移动模块。

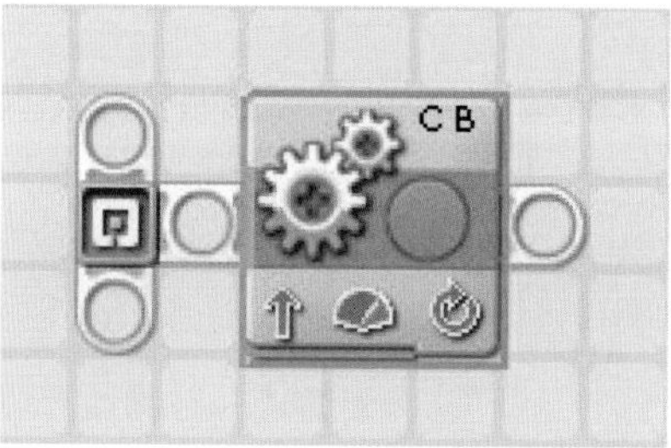

设置“移动”模块的参数，调整“持续”选项的数值和单位，分别是“720”和“角度”。

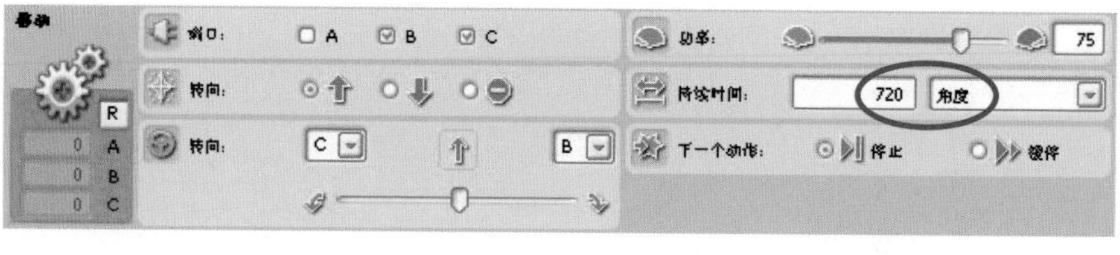

之后让小车转向 90°。转向的方式有很多种，这里使用的是一种常见简单的方式，一个电机运动，另一个电机不动。

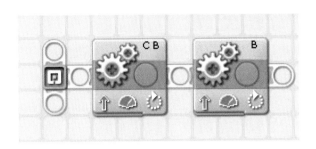

注意：这里是小车转向 90°，而不是马达旋转 90°。小车旋转的角度是与轮子大小和两轮间距有关的，所以不同情况下的转弯角度也不同，需要反复测试几次，找到适当的角度数值。

设置"移动"模块的参数。"端口"选择"B"；"功率"输入"55"；"持续"输入"360"，单位为"角度"（数值是需要根据小车不同来设定，单位选择角度是为了参数调整的精度高一些）。

这个转向模块的功率不要过高，否则小车在转向时会把本应该不动的轮子拖动。所以在这里调整"功率"选项为"55"。

最后，添加"循环"模块，控制方式为"次数"，数量为"4"，使机器人小车走出四边形的轨迹。

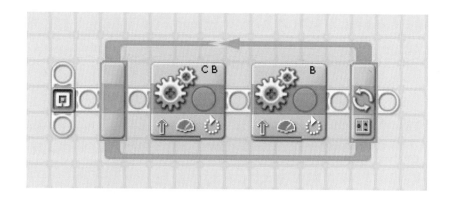

任务 2

与任务 1 的程序类似，结构相同。在这里使用另一种方式来实现转向，两个电机反向运动。

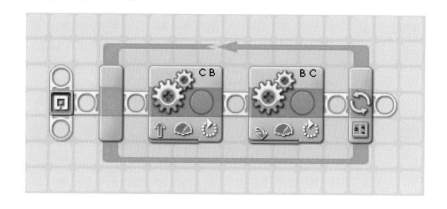

调整控制转向的"移动"模块，将其"转向"选项的滑块拖动到最右端，再测试出角度值，使机器人小车能够准确转向120°。

在轮子不打滑的情况下，这个角度值是任务 1 中转向角度值的 62% 左右。

调整循环的次数为 3 次。

任务 3

让机器人小车在地上走出一个圆形的轨迹就更简单了，只需要一个"移动"图标。

在这里，要了解的是"移动"模块中"转向"参数的含义。拖动"转向"选项中的滑块，可以改变 B、C 电机的转速。如下图所示，将滑块向右拖动，C 电机的转速高一些，B 电机的转速低一些。接下来改变"持续"选项中的角度值，使小车能够画出一个完整的圆形。

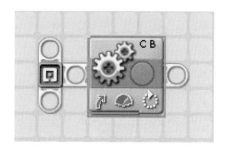

Ⅼⅎ 试一试

下面有 3 个程序都可以实现小车的转向，在转向时轮子都会走出一个圆形的轨迹，试着找到圆形轨迹的圆心在哪里？半径是多长？

程序 1

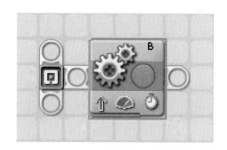

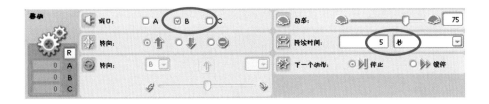

程序 2

程序 3

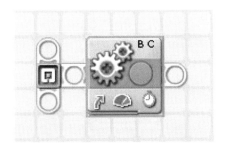

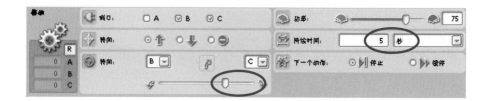

本章中学习了三种转向方式，在以后的运用中，可以根据机器人小车的实际情况考虑选择。

在上面的"试一试"中，希望读者能够总结出三种不同转向的特点，找出旋转的半径和圆心。第一种转向方式的轨迹半径是两主动轮之间的距离，圆心在不动的轮子上；第二种转向方式的轨迹半径是两主动轮之间距离的一半，圆心在两主动轮中间；第三种转向方式的轨迹半径和圆心不是确定的，要根据两轮的速度差别来定，两轮速度差别越大半径越小，机器人小车离圆心越近。在以后的使用中，尤其是场地机器人竞赛中，要根据不同的场合环境或要求，选择适合的转向方式。

学习心得

第五章
碰碰车

相信很多人都喜欢玩碰碰车，碰撞时的刺激感觉总是让人兴奋不已。如果做一辆机器人碰碰车是不是很有意思呢？

5-1 活动介绍

设计一辆车，除了要考虑驾驶的舒适，性能要好，还要能够保证驾驶者和乘客的安全，所以我们要设计具有保险杠的机器人小车，以防车子发生事故，保护驾驶者的安全。

可是有一种车叫作"碰碰车"，是专门给别人撞的，在许多游乐场中都看得到。我们这一章就是要做一辆专门去碰撞障碍物的车子，当然不能把车子撞坏，而且要让它撞到障碍物时能够保护自己，并且离开这个障碍物。

5-2 学习目标

❶ 设计、搭建一辆有触碰传感器的小车，触碰传感器的功能是避开障碍。

❷ 学会在触碰传感器上设计缓冲器，增加触碰的反应面积，使触碰传感器更有效地工作。

❸ 学会"触碰"等待模块的使用和它的参数设定，用来控制机器人小车在发生碰撞时能够产生躲避的反应。

❹ 学习"显示"模块。

5-3 任务要求

任务 1：启动程序后，机器人小车直走，直到它碰到障碍物（例如墙壁）时，小车停止。

任务 2：继续任务 1 的程序，小车停止 1 秒钟，之后后退一小段距离，再转向避开障碍。

任务 3：继续上面的动作，反复地遇到障碍并都能够顺利地躲避；并且在每次碰撞到障碍时都能在 NXT 屏幕上显示出一个有趣的图像，直走时候图像消失。

5-4 设计要求

❶ 设计一辆双马达机器人小车，结构上要能够方便转弯。在小车前面设计触碰传感器，使之碰到障碍会有反应，最好能在触碰传感器上设计缓冲器，使小车与障碍更有效地碰撞。

❷ 在这里再一次强调机器人小车的结构，要坚固稳定。因为小车总是要与障碍发生碰撞，为了避免将车撞坏，影响活动，

一定要把机器人搭建结实，结构合理。尤其是触碰传感器的缓冲器部分。

❸ 触碰传感器和缓冲器与小车的主体连接部分也要牢固，不要让缓冲器没有碰到障碍物时触碰传感器就已经被按下；或是触碰传感器被压后卡住松不开。

缓冲器搭建参考

5-5 参考模型搭建步骤

　　本章同样参考 LEGO 机器人组件套装 9797 中提供的机器人搭建方法，体会缓冲器的搭建结构和用法。

　　触碰传感器的缓冲器搭建方法在 NXT 2.0 Programming 软件"教学区面板"中可以找到。"教学区面板"——"完整面板"——"29. 碰撞计数"——"构建指南"——"前部触摸模块"。

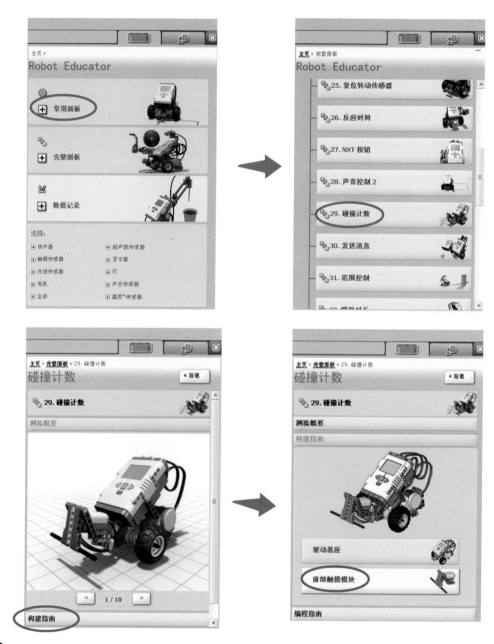

5-6 参考程序及说明

任务 1

首先让机器人一直走。拖出一个"移动"模块，将"持续"
参数调整为"无限制"。

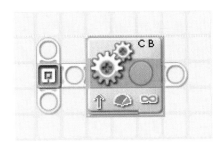

范例中"移动"模块的"持续"选项设定为"无限制"，意
思是马达将无限转动。因为我们不确定障碍距离机器人小车有多
远，所以要用"无限制"的方式让小车一直往前走。

这样就会遇到一个问题：如果把现在的程序下载到机器人小
车中，会发现小车并不会像想象中那样一直往前走下去，而是电
机转动一下就停了。

这是因为这个"移动"模块是程序的最后一个模块，它的后

面再没有其他的程序或模块了。在此，程序结束了，所以机器人小车自然就不会动了，"无限制"的设定变得没有意义了。

程序继续写下去才可以完成一段完整的运动，让"无限制"的设定变得有意义。

在"常用面板"里，"等待"类模块中，选择"触碰"等待。将其拖动到"移动"模块的后面。

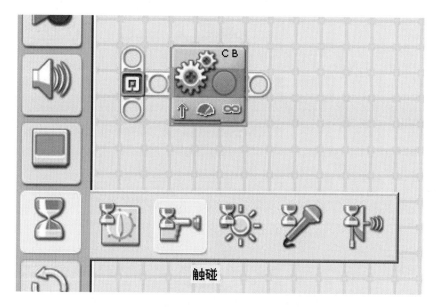

注意："等待"类模块的含义：当所需要条件被触发时，程序才能继续运行其后面的模块；否则，程序将一直等待，直到这一条件来到。当条件一定会被触发的时候，选择"等待"类模块。

"触碰"等待的参数选择默认的，不用做改动。"端口"选择"1"，"动作"选择"按下"选项。

　　"触碰"等待里的参数只有两项，"端口"和"动作"。"端口"要对应模型中的传感器端口。下面对"动作"选项的三项设置说明，如下：
　　"按下"：触碰传感器感应到按下状态即触发反应。
　　"松开"：触碰传感器感应到松开状态即触发反应。
　　"触碰"：触碰传感器感应到按下再松开后才会触发反应，继续后面的程序。

可以试试看这三项设置有什么不同。

最后，当小车碰撞到障碍，触碰传感器有反应之后，让小车停下来。在现有程序后面添加一个让电机停下来的模块。拖出一个"移动"模块，"方向"参数设置为"停止"。

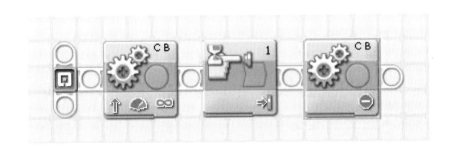

任务 2

继续上面的程序,让停止持续1秒钟。拖出一个"时间"等待模块,"直到"参数设置为"1"。

之后小车要后退一小段距离,为了方便接下来的转向动作。拖出一个"移动"模块,调整为后退一段距离的动作,参数设置为:"方向"选项设置向下的箭头,"持续"选项为"0.5""圈数"。

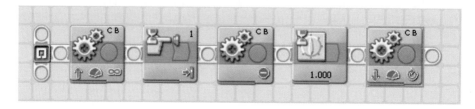

　　机器人在顺利完成后退动作之后，要转向避开前方的障碍。拖出一个"移动"模块，设置为转向的动作，小车（而不是电机）转向角度在 90° 到 180° 之间。参数设置为："转向"选项的滑块拖动到最右端，"持续"选项设置为"300""角度"。

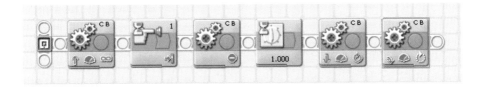

　　现在可以试一试，我们的小车能不能顺利地躲避障碍呢？在小车碰撞到障碍的时候，触碰传感器会不会被有效地按下去呢？

任务 3

让小车能够反复地避开障碍，其实很简单，只需要让任务 2 中的程序循环运行就好了。

拖出一个"循环"模块，将任务 2 中的程序括在"循环"里。"循环"模块的参数设置成默认的"永久"即可。

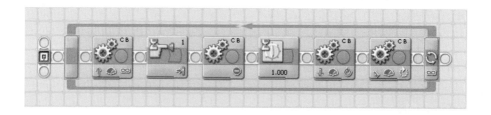

让小车在 NXT 屏幕上显示一些有趣的图像来增加碰碰车的趣味。首先在小车直走的时候一直显示着一个笑脸吧。"显示"模块在"常用面板"中可以找到。

拖出一个"显示"模块放在控制直走的"移动"模块前面，参数设置为默认的即可。

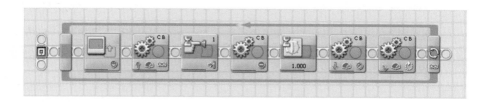

"显示"模块有4项参数可以调整,可在 NXT 显示屏上显示图像、书写某些文本或绘制形状,简单地介绍如下:

"动作": 使用下拉菜单选择是否希望显示图像、某些文本或自己的绘图;或只是希望复位显示。

"显示": 要擦除 NXT 屏幕的内容,选择"清除"复选框。意思是在我们运行当前"显示"模块的时候,对上次显示的图像是否进行清除处理。

"文件": 在"动作"选项里选择不同的类型的显示,这里就会对应有不同属性的文件可供选择。

"位置": 使用鼠标在预览屏幕中移动图像、某些文本或绘图以便定位。X 和 Y 输入框可以精确定位图像。在两个输入框输入0可将图像紧靠屏幕左边和底边。屏幕尺寸为 100 像素宽,64 像素高。

再使用一个"显示"模块,放在"触碰"等待模块之后,让小车在碰到障碍之后,在 NXT 屏幕上显示出有趣的图像。

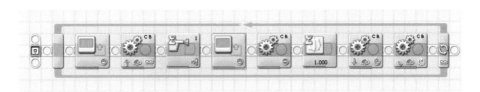

设置"显示"模块的参数，"文件"选项选择"Boom"，如下图所示。

当然也可以选择你喜欢的图像文件，或者在后退、转向的时候再显示特别的图像。还可以添加有趣的提示音，来增加趣味性。

现在碰碰车的程序编写好了，大家可以试一试你的碰碰车可不可以连续地避开障碍，NXT 上会不会显示你设定的图像。

5-7 试一试

我们可以试一试，把触碰传感器安装在小车的后面，或者前后都安装有缓冲器和触碰传感器，再编写一些好玩的程序，让你的碰碰车更有意思。

本章里我们学习了两个新模块的使用，"触碰"等待模块和"显示"模块。希望大家能够理解等待模块的意义，知道什么时候要用等待模块，而什么时候不必使用等待模块。对于"显示"模块，大家一定发现，它使你的机器人变得更加有趣了，其实"显示"的乐趣是一方面，更重要的是，"显示"可以很直观地看到程序的走向与进程，通过 NXT 屏幕上的图像可以判断程序已经运行到哪里了。

学习心得

第六章
巡线机器人

如果说触碰传感器让机器人有了触觉，那么，光电传感器就让机器人有了视觉。
有了"眼睛"，机器人就可以更好地"了解"周围环境，做出应变，变得聪明起来！

6-1 活动介绍

　　一般情况下，机器人活动的场地都是白色或浅色的平面，在平面上贴出黑色线条，以备机器人识别，更快捷更准确地完成指定的任务。在很多关于 LEGO 机器人竞赛的场地中，都会有这样的线段或标记，供机器人利用光电传感器识别。

　　在这一章中，我们将会认识光电传感器。包括如何测试光值，如何让机器人巡线行走，如何利用光电传感器辨别路径。

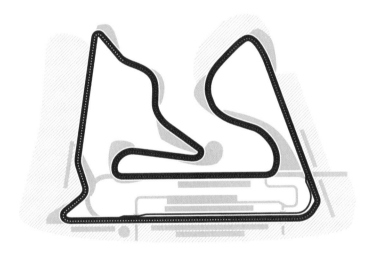

6-2 学习目标

❶ 设计并搭建一个有光电传感器的机器人小车。

❷ 学习使用"光"等待模块，来控制机器人。

❸ 学习"开关"类模块，让机器人对数据进行判断后，再做出相应的动作。

❹ 学会从传感器读取数据，以便更好地了解机器人的工作状态。

❺ 学会在 NXT 屏幕上显示数据，了解简单的人机交互。

6-3 任务要求

任务 1：启动程序后，机器人小车直走，直到黑线处停下来。

任务 2：控制机器人小车，让它在第三条黑线处识别并停下来。

任务 3：机器人小车利用光电传感器进行巡线行走。

任务 4：让机器人小车选择不同路径巡线行走。

6-4 设计要求

❶ 设计一辆双电机机器人小车，其结构上要能够方便转弯。在小车前面设计安装一个光电传感器。

❷ 光电传感器的安装部位最好在小车前端中间，以便提前感应光信号的变化做出相应的反应动作。

❸ 光电传感器的感应部分要朝下安装，感应部分距离地面 1cm 左右。

光电传感器上有两个灯。一个会发光的灯是真正的灯，用来发射光信号；一个不会发光的灯是感应器，用来感应反射光的强度。光电传感器不宜离被测物过远，因为当光电传感器的灯发光时，感应端接收的大部分信号是被测物吸收之后的反射光，如果距离被测物过远，四周的环境光会被感应端过多地吸收，造成传感器读数不准确。像太阳、白炽灯这样的热光源的强度就比较高。同样，光电传感器的工作环境中的光线要均匀，要避免侧向的强光影响，避免在窗口附近，防止光电传感器读取数据超过预先估计的范围，导致程序出错。

6-5 参考模型搭建步骤

本章参考 LEGO 机器人组件套装 9797 中提供的机器人搭建方法，了解光电传感器的连接和安装的方法。

光电传感器的构建与连接的方法在 NXT 2.0 Programming 软件"教学区面板"中可以找到。"教学区面板"——"常用面板"——"16. 检测暗线"——"构建指南"——"上部光线模块"。

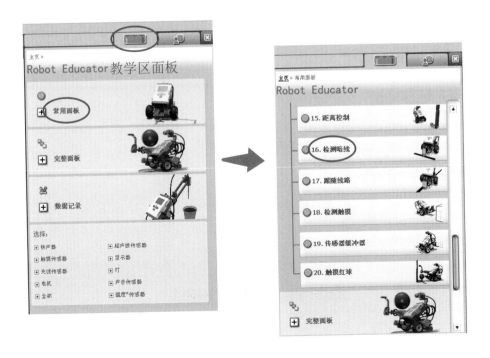

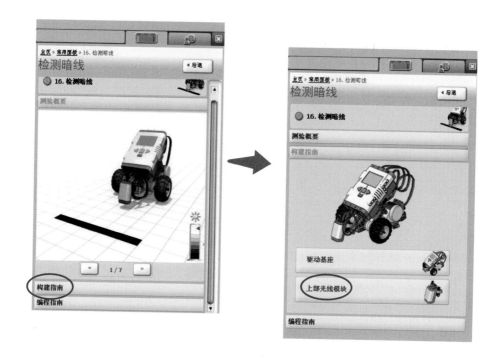

6-6 参考程序及说明

在编写程序之前，要对机器人活动的场地布置一下。最好选择白色或浅色的地面或桌面，平行贴上三条 20 厘米长的黑线，黑线宽约 1 厘米，之间有 10 厘米左右的间距。此为前两个任务机器人活动的场地。

我们还必须知道场地的光值和黑线的光值。按照这两个数值，才能为机器人编写程序，机器人才能对环境的改变作出判断。下面我们一起来测试光值。

　　首先将机器人放在场地上，并将光电传感器的感应头对着黑线。将 NXT 开机，用左、右键找到"View"功能选项，按确定键选择。会出现一个"Select"的选择界面，再次按左、右键调整到"Reflected Light"选项，按确定键选择。屏幕上会出现选择端口的界面，如果光电传感器连接在 NXT 的 3 端口上，就按左、右键调整到"Port 3"，按下确定键。这时候光电传感器的灯也会亮起来，发出红光，同时，NXT 屏幕上会有一个百分比的数值显示如"36%"，此数值为黑线的光值，记录下来。再将光电传感器移动到白色的场地上，NXT 屏幕上会有一个相对高一些的数值——"72%"，此数值为白色场地光值，也记录下来。这样场地上的光值就测试好了，我们就可以利用这两个差别较大的光值，来完成本章的任务。

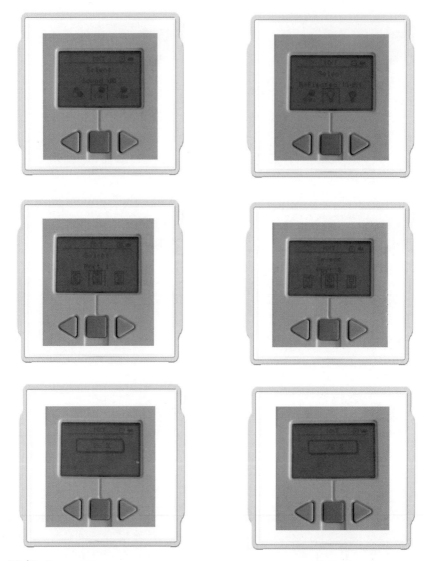

任务 1

　　这个任务与上一章中第一个任务类似，只是机器人所用的传感器不同，机器人感应的信号不同。

　　首先让机器人一直走。拖出一个"移动"模块，将"持续"参数调整为"无限制"。其他参数都为默认。

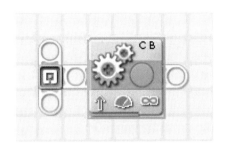

再添加"光"等待模块,让小车识别场地中的光值变化。

"光"等待模块在"常用面板"里,"等待"类模块中,选择
"光"等待。将其拖动到"移动"模块的后面。

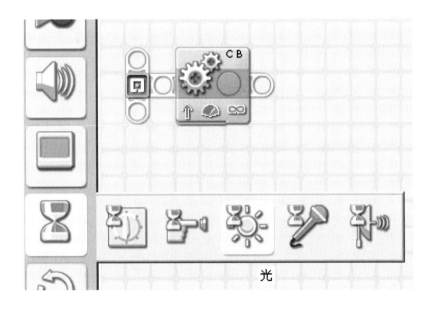

光

115

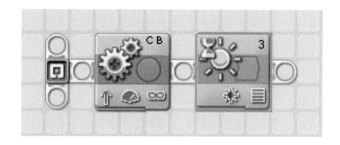

注意：在使用光电传感器之前一定要先测出环境光值和被测线光值，以便确定触发。当环境改变（包括时间、场地、机器人和光电传感器）需要重新测量，否则曾经的触发值可能不适合当前的环境或机器人，导致程序出错。

现在我们调整一下"光"等待模块的参数，"端口"选择为"3"，"直到"选择"<"、"54"。其他参数为默认。

"直到"选项里的触发值是如何确定的呢？这就用到了我们开始时候测到的两个数据："36%"，"72%"。一般情况下触发值可以设定为黑线光值和白底光值的中间值 [（黑线光值＋白底光值）/ 2]。而且要设置为"小于"，也就是说，当光电传感器感应到低于触发值54，即为遇到黑线了，这时程序才会继续往后执行。

"端口"：选择光电传感器连接的端口。默认情况下选择端口3。

"直到"：可以拖动滑块或在输入框中输入数值来指定触发值。如果希望光线强度高于触发值时触发模块，则选择滑块右侧的单选按钮；如果希望光线强度低于触发值时触发模块，则选择左侧的单选按钮。也可以使用下拉菜单设置"大于"或"小于"触发值。

"功能"：如果选择了"产生光"复选框，光线传感器将开启自身光源（灯）并检测。

　　最后，让小车遇到第一条黑线后停下来。在现在程序后面添加一个让马达停下来的模块。拖出一个"移动"模块，"方向"参数设置为"停止"。

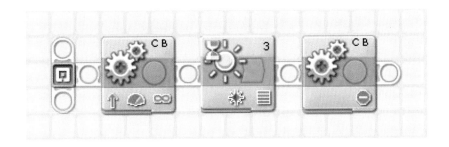

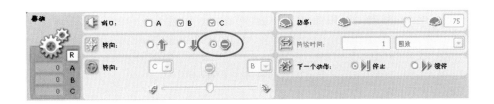

117

　　现在就可以试一试了，你的小车能够在第一条黑线处停下来吗？你的光电传感器起作用了吗？如果没有成功，请检查一下每根导线两端的连接是否正常，程序各模块中的端口选择是否与机器人的连接对应，触发条件是否是"小于""<"，触发值是否在黑线光值与白底光值的中间。

任务 2

　　要让小车停在第三条黑线上。将任务 1 中的程序循环执行 3 次，并在遇到黑线时做些处理。

　　首先让任务 1 中的程序循环 3 次。在程序中添加一个"循环"模块，括在任务 1 程序外。

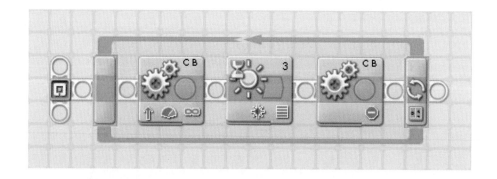

如果现在就把程序下载到机器人中，运行时会发现机器人小车会停止在第一条黑线上，与任务 1 中的程序运行的结果一样，这是为什么呢？通过分析不难看出，当小车遇到第一条黑线时，触发"光"等待条件。而此时，光电传感器就在黑线上的正上方，小车还没有跨出第一条黑线，马上就会进入第二次循环，同样会触发"光"等待条件。随后第三次也是如此，三次之后程序结束，小车就停在了第一条黑线处。

那么，要如何解决呢？只要让小车每次遇到黑线时，都能够缓冲一下，让光电传感器越过黑线。方法有很多种，在这里我们使用时间等待来完成缓冲的动作。当然，缓冲的程度不能太大，要刚刚能让光电传感器越过黑线的宽度就行。

在"光"等待模块后，添加一个"时间"等待模块，设置"直到"参数为"0.2"。

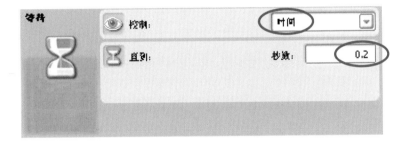

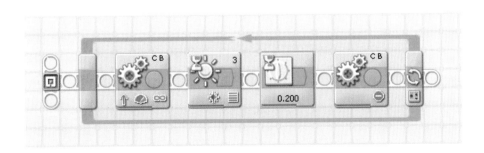

现在可以试一试，你的机器人小车是不是在第三条黑线处停下来了呢？如果是在第一条黑线或者第二条黑线停下来，可以把缓冲的时间调长一些。如果还是不行，就先把"循环"模块的次数调整为"1"，试一试小车停在哪里，估计出缓冲距离，再做调整。

任务 3

在完成任务 3 之前，需要重新设计场地。在浅色地面或桌面上贴出"Y"形的黑线轨迹，黑线宽约 1cm。

光电传感器沿轨迹行走是利用轨迹线边缘进行的。因为不能让小车脱离轨迹线，所以利用轨迹线黑色与白色的不同光值，来修正小车的方向并且沿着轨迹前进。小车必须感应场地光的变化，所以程序里面所用的"移动"模块应该是"无限制"的状态。而小车的动作则是左转、右转，时刻矫正小车的光电传感器在黑线上的位置。

如果距离上个任务完成的时间较长的话，或者地点有很大的变化需要重新测光值，确定黑线和白底的光值，再推算出合理的触发值。

程序是一段循环的模块，先拖动出一个"循环"模块，控制方式为默认的"永久"。

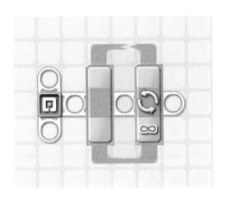

在循环里面添加一个"光"等待模块，触发值设定为"<"、"54"（根据自己的实际情况而设定），意思为光电在黑线上面的时候触发后面的动作。

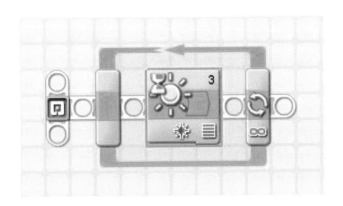

　　添加一个转弯的动作，让小车查找黑线边缘。适合沿轨迹行走的转向方式是一个电机动，另一个电机停。添加两个"移动"模块，参数分别设置为 B 电机以"50%"功率"无限制"地转动，C 电机停止转动。

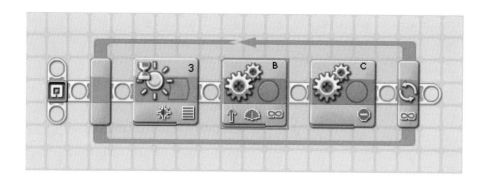

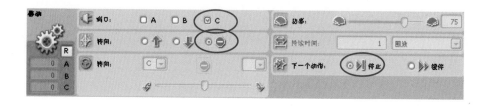

现在完成了光电传感器遇到黑线转向的动作，下面来完成遇到白色场地底边转向黑线的动作。拖出一个"光"等待模块，设置触发值为">"、"54"。

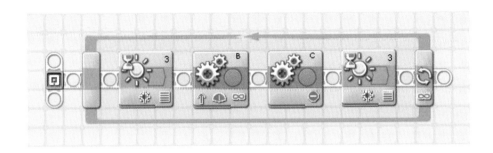

接着完成另一面转向的动作，同上面的转向类似，拖出两个"移动"模块，参数分别设置为 C 电机以"50%"功率"无限制"地转动，B 电机停止转动。

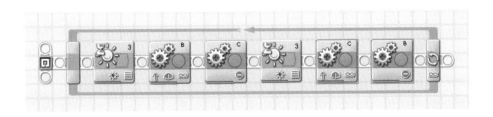

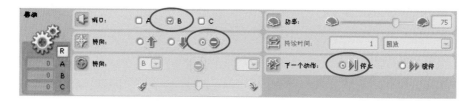

现在可以运行程序试一试了。运行程序时保证小车是正常状态，光电传感器的感应头在黑线的正上方。在"Y"形的三岔口，你的小车是不是很顺利地选择了一条路呢？

如果小车走得不是很顺利的话，可以调整程序中两个"移动"模块的功率，一般功率小一点适合巡线行走，否则可能会因惯性的原因出现越线的问题。

在这里再给出一个用分支结构来编写的沿线行走的程序，比较它们的特点，从而在不同场地环境选择不同的巡线方式。

分支模块可以在"常用面板"中找到"开关"模块。

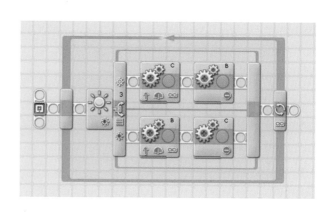

任务 4

在任务 3 中我们实现了巡线行走。可是我们有没有发现机器人是在不停地判断黑与白的父界线，并不是完全在黑线上走。一条黑线会有两条黑白交界线，小车对另一条界线作判断的话，就可以实现选择路径。

实现的方法很简单，程序里把两个控制转向的模块调换一下位置就可以了。

下面的是任务 3 的程序，请按照红色箭头的示意操作。

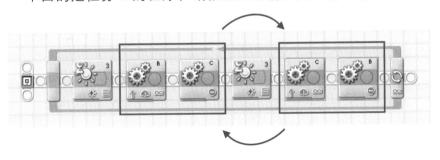

任务 4 的参考程序

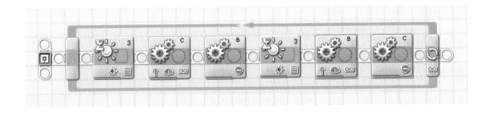

或者也可以用分支结构来实现。

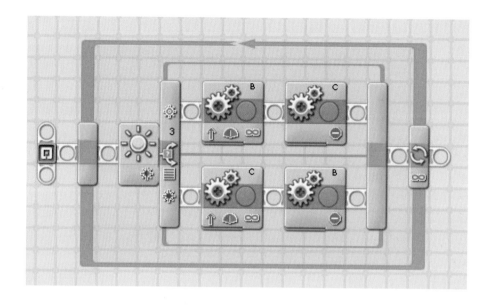

其实小车沿着轨迹行走的变化非常多，大多数竞赛都会以沿轨迹线行走作为机器人完成任务的参考路径，所以利用光电传感器来引导机器人的方法很实用，也是基本的技巧，通过以上的学习，希望大家对使用光电传感器得心应手。

学习心得

第七章
摩天轮

悠闲地坐在摩天轮上是
多惬意的事情……
如果用乐高搭建一架摩
天轮，是不是一件很有
趣的事呢？

7-1 活动介绍

　　我们在游乐场里会看到摩天轮，当游客要登上摩天轮时，摩天轮会停下来，并且亮起一个信号灯，显示现在是停止的状态；而当摩天轮开始启动的时候，会伴随悦耳的音乐声和华美的彩灯闪烁，提示游客现在是启动的状态，不要靠近，以免发生危险。在这一章我们要模仿此情景，搭建一架摩天轮。

7-2 学习目标

❶ 设计并搭建一架摩天轮，尽量模仿真实摩天轮的工作状态。

❷ 学习使用角度来控制"循环"模块的结束。

❸ 学习使用"触碰"分支模块，了解分支类模块的意义。

7-3 任务要求

任务 1：启动程序后，让红灯和黄灯连续交替闪烁。

任务 2：启动程序后，让摩天轮缓慢地转动起来，并且红灯和黄灯连续交替闪烁。实现摩天轮的正常工作。

任务 3：通过触碰传感器，来控制摩天轮，按下触碰传感器后摩天轮正常工作，旋转 3 圈后停下来，停下来后红灯亮起来，直到再次按下触碰传感器摩天轮再次工作。

7-4 设计要求

❶ 设计并搭建出结构简单、坚固、稳定的摩天轮模型，保证在工作时不能摇晃。

❷ 每个座位不能因摩天轮的转动而卡住，摩天轮的转动也不能碰到模型的其他部分，特别是导线。

❸ 注意导线和灯的连接，导线上的凸点要和灯对应好。

7-5 参考模型搭建步骤

第一步

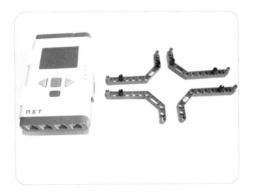

第二步

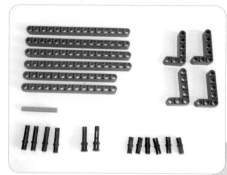

第三步

第四步

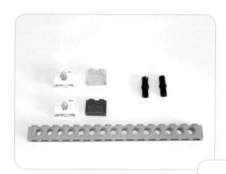

第五步

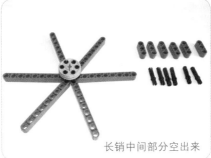

长销中间部分空出来

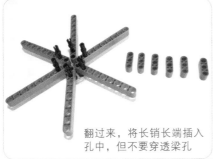

翻过来，将长销长端插入
孔中，但不要穿透梁孔

再次翻过来，安装 3 孔梁

第六步

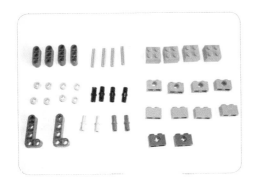

　　导线连接的端口为：A端口——电机，B端口——红灯，C端口——黄灯。

1-6 参考程序及说明

任务 1

首先让黄灯（C端口的灯）亮起，红灯不亮，并且持续0.3秒钟。

拖出两个"灯"模块，一个"时间"等待模块，在程序上排列好。

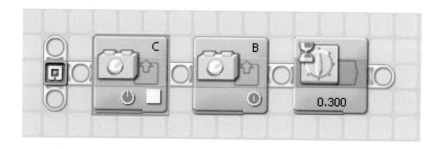

两个"灯"模块的参数设定如下：一个是"端口"选择"C"（黄灯），"动作"为"On"，"强度"为"100"；另一个是"端口"选择"B"（红灯），"动作"为"Off"。

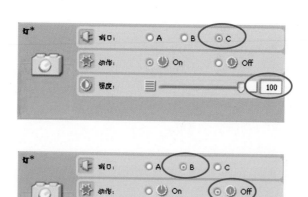

"时间"模块的"直到"参数设定为"0.3"。

接下来再拖出两个"灯"模块和一个"时间"等待模块，依次在程序线上排列好。

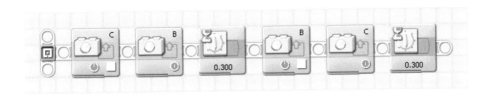

两个"灯"模块的参数设定如下：一个是"端口"选择"B"（红灯），"动作"为"On"，"强度"为"100"；另一个是"端口"选择"C"（黄灯），"动作"为"Off"。

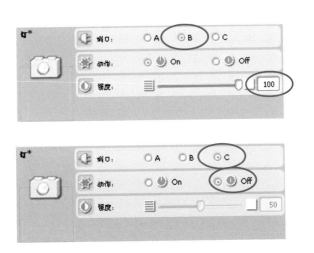

同样，"时间"模块的"直到"参数设定为"0.3"。

最后拖出一个"循环"模块把上面的程序段括起来。"循环"模块的参数为默认的。

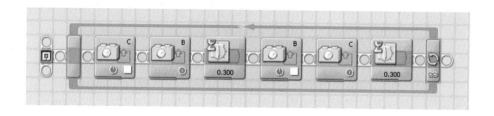

现在就可以把程序下载到摩天轮中，试一试红灯和黄灯是否能够持续交替闪烁。如果不能的话，请检查导线、端口连接是否正常。

任务 2

在任务 1 的基础上让电机也转动起来，并且控制循环的结束条件，实现摩天轮的正常工作。

在上面的"循环"模块前后各添加一个"移动"模块。

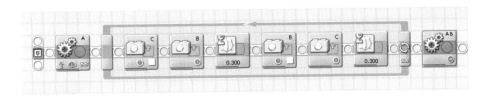

前后两个"移动"模块的参数设置分别为：

"端口"选择"A"，"功率"输入"40"，"持续"选择"无限制"；

"端口"选择"A"、"B"，"方向"选择"停止"，"下一个动作"选择"缓停"。

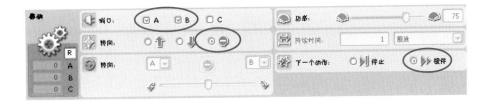

为什么最后的"移动"模块是控制"A""B"两个端口停止呢？

可以看到，控制灯闪烁的程序段结束后，"B"端口的灯是亮着的状态，所以要马上关闭 B 端口，让灯灭掉，为了方便，"A""B"端口就放在一个模块中控制了。

还需要控制"循环"模块的结束条件，让摩天轮能够停下来。在这里选择角度控制，当然也可以选择其他的控制方式，如时间、次数等。

假设让摩天轮旋转 3 圈之后停下来，循环的结束条件应如下设置："控制"方式在下拉菜单中选择"传感器"，"传感器"选项在下拉菜单中选择"角度传感器"，"直到"输入"3240"、"角度"（电机转 9 圈的角度为 9X360°=3240°）。

因为在参考搭建模型中用到了 1:3 的齿轮减速传动，目的是让摩天轮缓慢地旋转，所以要让摩天轮旋转 3 圈，电机就要旋转 9 圈才行。

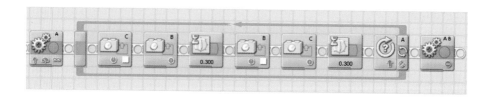

现在就可以试一试，你的摩天轮会不会缓慢旋转，同时红灯和黄灯会交替闪烁。

任务 3

任务 2 完成之后，就可以为摩天轮添加一个启动的开关来完成任务了。开关启动，摩天轮会像任务 2 中一样正常工作；摩天轮停止的时候红灯（B 端口的灯）亮起来，直到触动开关。

这里我们使用 NXT 的确定键来控制摩天轮是否启动。首先拖出一个"循环"模块，放在上一任务程序的最前面，里面添加一个"开关"模块。

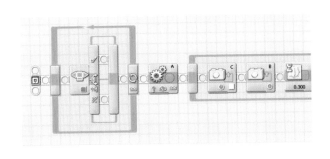

"循环"模块的参数为默认。
"开关"模块的参数设置为："传感器"选项在下拉菜单中选择"NXT 按扭"，"动作"选项选择"触碰"。

在下面的分支添加一个红灯亮起的模块。

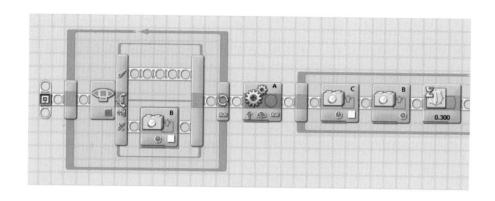

参数设定为："端口"选择"B"，强度为"100"。

再把摩天轮正常工作的程序段框选起来，拖动到上面的分支中。

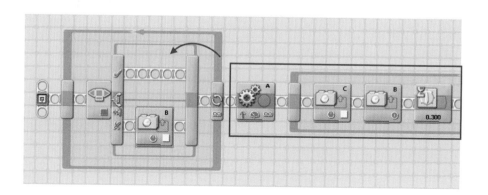

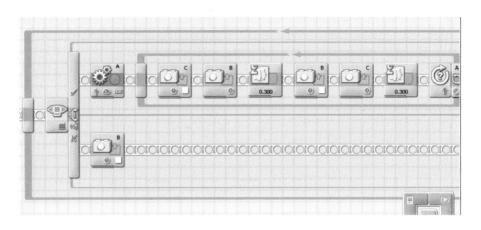

7-7 试一试

摩天轮的模型还能够延伸出一些很有趣的问题，大家不妨来试一试：

❶ 通常摩天轮在启动的时候都会伴随很好听的音乐，试一试我们的摩天轮能做到吗？

❷ 为你的摩天轮添加其他传感器，让它变得更有趣。

在本章中，程序结构可能稍微复杂一些，但是根据摩天轮工作的实际情况一步步编写的，不会很难，目的是想让读者们尽快了解 NXT 2.0 Programming 软件的使用。同样，希望读者们多多细心观察周围的事物，就会想出更多的点子，让机器人来模仿。

学习心得

第八章
老鼠夹子

老鼠总是很让人讨厌，老鼠夹是一个对付它的好帮手。不过这个老鼠夹是一个"机器人"，用电机来提供动力，而不是弹簧。

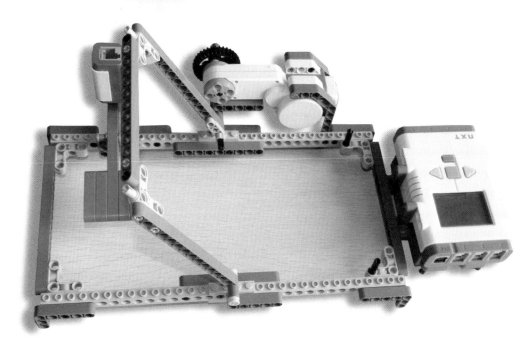

8-1 活动介绍

老鼠夹是一种古老而传统的捕鼠器，它的原理是当老鼠靠近诱饵时就会触动机关，进而将老鼠夹住。夹子的动力来源是弹簧。本章中我们将用马达代替弹簧夹带动夹子，用来识别老鼠的机关是触碰传感器，大家不妨动手试一试，用现代的方法搭建一个古老的老鼠夹。

我们鼓励大家自行设计，除了 9797 组件套装之外也可以加入其他的 LEGO 积木，使作品更加完美，如果没有灵感，可以参考范例。

8-2 学习目标

❶ 设计并搭建一个老鼠夹，当老鼠碰到诱饵的时候就会被夹住。

❷ 学习使用显示模块，让 NXT 屏幕上显示出有意思的图像。

❸ 学习使用 NXT 按钮等待模块，来控制模型。

❹ 学习使用声音模块，了解声音模块的参数设定。

8-3 任务要求

任务 1： 当老鼠，吃掉诱饵的时候（触碰传感器被按下），老鼠夹立刻夹住老鼠。

任务 2： 按下 NXT 的确认按钮，让老鼠夹自动打开，可以重新放置诱饵，继续等待捕捉下一只老鼠。

任务 3： 当老鼠被夹住的时候 NXT 显示一个有意思的图像，并发出大笑的声音；当捕鼠器重新工作的时候清除图像，并发出一个提示音。

8-4 设计要求

❶ 设计并搭建出的模型结构要简单，坚固。在夹住老鼠的时候不能有松动或损坏的地方。

❷ 模型和程序的设计要方便自己和别人使用。尽量设计得简单，易于操作。

8-5 参考模型搭建步骤

第一步

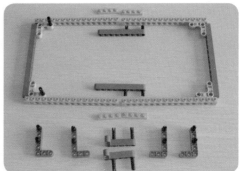

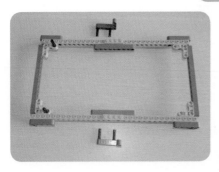

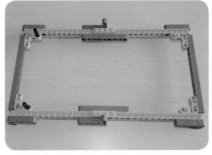

第二步

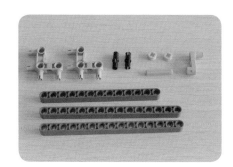

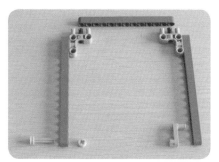

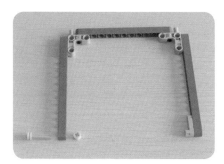

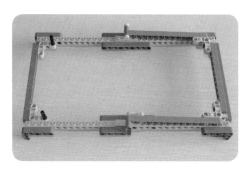

第三步

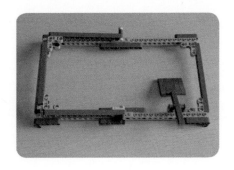

第四步

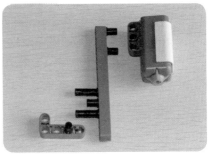

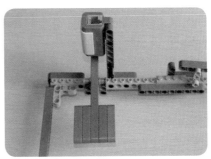

第五步

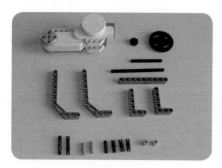

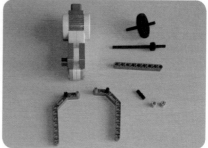

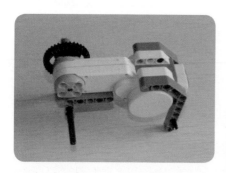

第六步

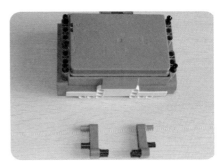

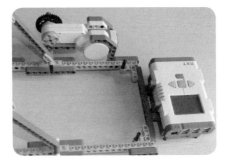

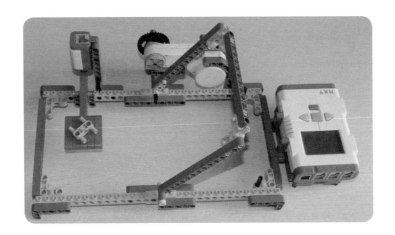

导线连接：电机连接"A"端口，触碰传感器连接"1"端口。

8-6 参考程序及说明

任务 1

这个任务不难办到，当老鼠来到诱饵附近的时候，就会触发这个老鼠夹的触碰传感器，随之电机转动，抓住老鼠。

拖出一个"触碰传感器"等待模块，和一个"运动"模块。

"触碰传感器"等待模块的参数为默认；

"运动"模块的参数为："端口"选择"A"，"功率"输入"85"，"持续"选项在下拉菜单中选择"秒"，输入"0.6"。

现在大家试一试，这个老鼠夹的效果怎么样呢？如果在多次运行之后发现模型有松动的地方，或者夹不住老鼠，可以加固模型，或者调整"移动"模块中的"功率"和"持续"参数。

任务 2

这个任务是重新启动老鼠夹的过程，我们需要利用NXT按钮打开老鼠夹的夹子。

在程序中拖出一个"等待"模块和一个"移动"模块。

"等待"模块的参数设置为："传感器"选项在下拉菜单中选择"NXT按钮"；

"移动"模块的参数设置为："端口"选择"A"，"方向"选择"返回"，"持续"选项在下拉菜单中选择"秒"，输入"0.7"，"下一个动作"选择"缓停"。

157

需要反复运行，所以还需要一个"循环"模块。"循环"模块的参数为默认。

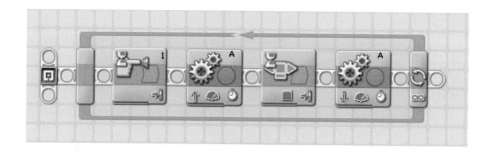

这样，老鼠夹就可以反复捕获老鼠了，不必每次都重新启动程序。

任务 3

　　我们还可以给老鼠夹增加趣味性，比如在捕获老鼠的时候可以发出一些奇怪的声音，或者在 NXT 屏幕上显示出有趣的图像。这样是不是很好玩呢？让我们试一试吧！

　　在"触碰传感器"等待模块的后面添加一个"显示"模块和一个"声音"模块。

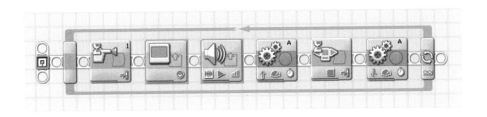

　　"显示"模块的参数设置为："文件"选择"Boom"。

　　"声音"模块的参数设置为："音量"输入"100"，"文件"选择"Laughing 02"，"等待"复选框不勾选。

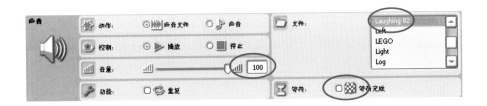

现在，抓到老鼠之后就会大笑了，是不是很有意思呢？让我们在恢复捕鼠器的时候也添加一个提示吧。在"NXT 按钮"等待模块的后面添加一个"显示"模块和一个"声音"模块。

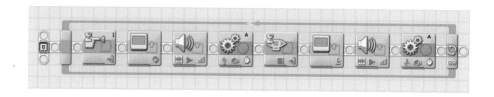

"显示"模块的参数设置为："动作"选项在下拉菜单中选择"重置"。

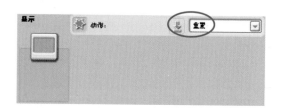

"声音"模块的参数设置为："音量"输入"100"，"文件"选择"!Blips 07"，"等待"复选框不勾选。

老鼠夹底部形状是一个长方形，它是一个弹性的结构，所以一定要设计得稳固点，不可以松动、扭曲成平行四边形。否则会导致夹子在使用时候很容易损坏。

在这里，我们使用的是触碰传感器，想一想其他传感器可不可以用来识别老鼠呢？或者多种传感器的配合使用呢，也是一个不错的方法！

或者，想一想还能构造出什么样的陷阱呢？比如笼子。哈哈，把老鼠捉进笼子里是不是很有意思呢？LEGO 总是会让我们的想象更疯狂！

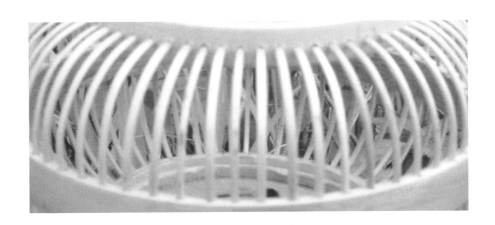

学习心得

第九章
高尔夫机器人

和你的机器人来一场高尔夫球的较量怎么样？比一比谁打得更准！

9-1 活动介绍

　　相信大家都看过 9797 组件套装封面上的机器人吧。它是用两个轮子来走路的，还有一个可以击球的机械手臂，看上去很有意思，也很可爱。我们叫它高尔夫机器人。本章中我们就来做一个会打高尔夫的机器人，如果大家暂时找不到很好的灵感的话，参考这个范例也是很不错的。大家一起来吧！

9-2 学习目标

❶ 设计并搭建一个能用机械手臂打球的机器人，来模仿人类打高尔夫球。

❷ 学会在 NXT 屏幕上显示数据。

❸ 学会使用"循环"模块的计数器选项。

❹ 学习多种传感器的配合使用，来准确完成一项任务。

9-3 任务要求

任务 1： 启动程序，使机器人往前走，直到球架位置（手臂应对准球）。

任务 2： 机器人走到球架位置后，稍作停顿，之后如果发现有红球则击球，如没有发现红球则发出错误提示音。

任务 3： 让机器人在 NXT 屏幕上显示出击球的次数，代表用几杆可以把球打进洞里。

9-4 设计要求

❶ 设计并搭建出一个可以使用机械手臂击球的机器人。

❷ 机器人通过超声波传感器来识别球架的位置，所以超声波传感器和球架的高度要相当，球架有效宽度要合适，让机器人能够识别得到。

❸ 机械手臂的击球点高度要和球的高度相当，击打在球的中间部分最好。

9-5 参考模型搭建步骤

本章参考 LEGO 机器人组件套装 9797 中提供的机器人搭建方法，了解机械手臂和球架的安装方法。

　　机械手臂和球架的构建方法在 NXT 2.0 Programming 软件"教学区面板"中可以找到。"教学区面板"——"常用面板"——"20.触摸红球"——"构建指南"——"电机模块"、"下部光线模块"和"Ballstand"。

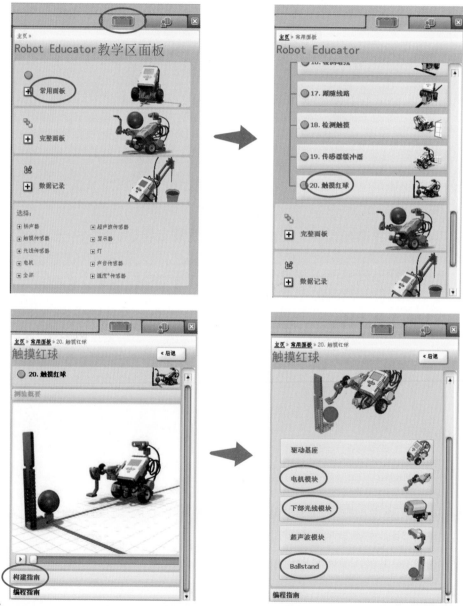

9-6 参考程序及说明

任务 1

使用超声波传感器控制机器人停在球架前的适当位置，以便击球。

可以先用类似测光值的方法来测量机器人与球杆的合适距离，再进行程序编写。

为了使机器人行走平稳，建议电机的功率低一些。程序如下：

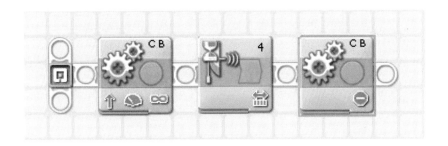

第一个"移动"模块的参数设置为："功率"选项输入"30"，"持续"选项在下拉菜单中选择"无限制"。

"超声波"等待模块的参数设置为："直到"输入"22"。

第二个"移动"模块的参数设置为："方向"选择"停止"。

测试时一定要对准位置，现在可以试一试机器人能不能慢慢地走向球架，并且停下来的位置刚好适合击球。如果停下来的位置不准确，则再对"超声波"等待模块的参数进行调整；如果超声波传感器不能准确地识别球架，请把球架上方的有效宽度变大一些。

任务 2

机器人判断是否有红球，如果有则击球，如果没有发出错误提示音。

判断"是与否"，可以用"开关"模块来实现。在这里使用"光电传感器"开关。

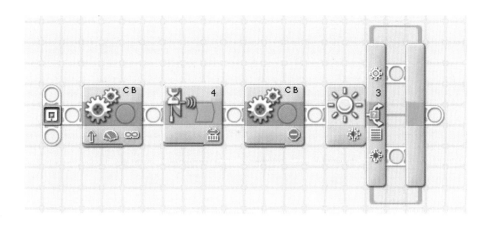

"光电传感器"开关模块中的触发值应该如何设定呢？在这里教大家一个方法。首先保证环境光是均匀稳定的（不要在窗户附近），而且环境光值比机器人在停下来时识别的红球光值要低——一定是机器人停住位置的红球光值，而不是随意测出红球光值。然后得到红球光值，例如"61"，那么触发值可以设定为"55"，比红球光值稍低一些，低5~10即可。

本例中机器人在恰当位置时测试红球光值为"61"，环境光值较均匀，在44~51之间。"光电传感器"开关模块参数设定："传感器"选项在下拉菜单中选择"光电传感器"，"比较"输入">"、"55"。

然后，在大于触发值的分支（上面的分支）中添加击球的动作。机械手臂先微微后摆，再全力击球。

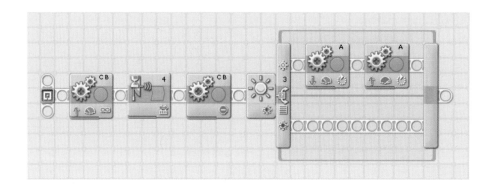

控制手臂击球的两个"移动"模块的参数设定分别为：

第一个"移动"模块："端口"选择"A"；"方向"选择"向下箭头"；"功率"选项输入"30"；"持续"选项设置"60""角度"。

第二个"移动"模块："端口"选择"A"；"功率"选项输入"100"；"持续"选项设置"180""角度"。

在没有发现红球时发出错误提示音。在"光电传感器"开关下面的分支中添加一个"声音"模块，"文件"选择"!Error02"。

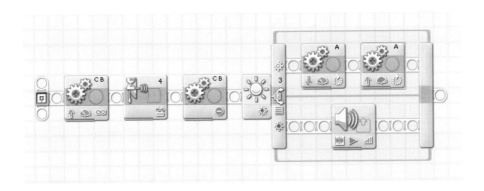

现在可以试一试程序了，看看机器人能不能准确识别并击到红球。如果成功率不高，试着调整机器人的启动位置，离球架近一些，或者调整光电传感器的触发值。

任务 3

在任务 2 的程序的基础上添加"循环"模块和"显示"模块，把循环的次数显示在 NXT 屏幕上即可，下面一起来完成吧。

首先拖出一个"循环"模块，括在任务 2 的程序外。

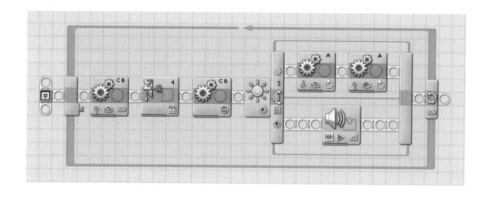

在"循环"模块参数中勾选"计数器"选项。

在循环的开始放置"数字转文本"、"显示"两个模块。"数字转文本"模块在"完整面板"中"高级"类模块中可以找到。

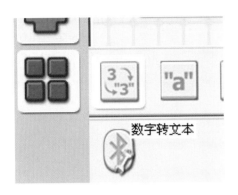

程序如下参考：

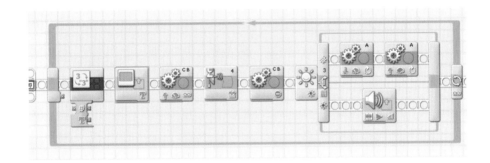

"数字转文本"模块参数为默认的。

"显示"模块"动作"选项在下拉菜单中选择"文本"。

设置好"显示"模块的参数之后，打开它的数据中心，连接数据。

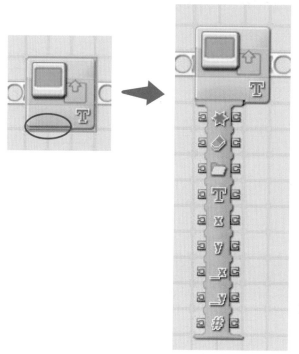

注：点击蓝色区域可以打开或收回数据中心。

在连线的时候要注意数据的类型，数据类型匹配才能连接，如果连线是灰色的虚线，则连接错误。

数字类型为黄线，文本类型为橘色，逻辑类型为绿色。

"循环"模块的"循环数量"端连接"数字转文本"的"数字"端；"数字转文本"的"文本"端连接"显示"模块的"文本"端。连接好之后，收回"显示"模块的数据中心。如下图：

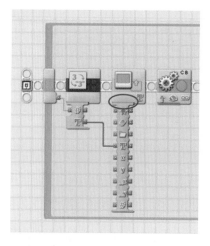

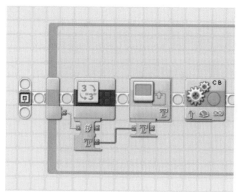

在"显示"模块后面添加一个"NXT 按钮"等待模块，作为高尔夫机器人每次启动的开关。

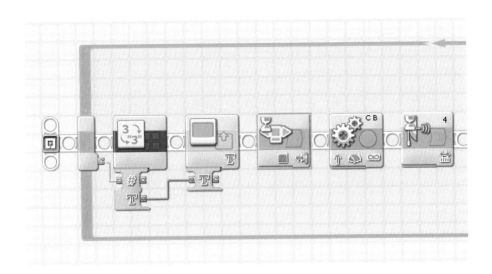

"NXT 按钮"等待模块参数设定为："动作"选择"触碰"。

现在可以试一试，你的机器人能不能在按下 NXT "确定"键之后完成触发击球的动作了，并且要在"NXT"的屏幕上显示出你是第几次击球。

　　预先选择一个球洞，距离红球 50~200 厘米，开始练习的时候可以近一些，熟练之后可以远一些。如果球没打进洞，可以挪动球架到红球停下来的位置，再按 NXT "确定" 键继续击球，直到把红球打进指定的球洞。试一试你几次能把红球打进洞吧！

　　本章中我们使用三个电机、两个传感器搭建了一个会打高尔夫球的机器人。机器人运行过程需要多电机之间的协调配合，各传感器的准确识别，这就加大了我们对机器人动作设计上的思考，让机器人的动作更稳定、更合理。希望大家记录好学习心得，举一反三，活学活用，随着进一步的学习，将会制作出更棒的机器人作品。

学习心得

第十章
高尔夫球洞

或许机器人的球技不怎么好
每次赢的总会是你
不如找几个伙伴来一场比赛
看看谁的球技更高
来吧！！

10-1 活动介绍

在上一章中，我们完成了高尔夫机器人的制作，不知道你的机器人的球技怎么样呢？在这一章中，我们要制作一个高尔夫球洞，打高尔夫球的是你自己，而不是机器人了。大家想不想试一试呢？看一看你和机器人谁更厉害呢！

高尔夫球洞都是地面上的一个小洞，我们当然不会在地面上挖一个洞，这次的高尔夫球洞是在地面上方的，用乐高积木搭出的洞口。球如果进了洞口，那么就会被球洞识别，给出一些反馈信息，如灯闪烁、音乐响起之类，也可以用电机来创造一些动作。

10-2 学习目标

❶ 设计并搭建一个高尔夫球洞，可以识别进球。

❷ 学会制作模块，程序简洁。

❸ 学习合理使用循环模块，用不同的方式控制循环。

❹ 利用触碰传感器解决问题，学会制作缓冲器。

10-3 任务要求

任务 1：启动程序后，让红灯（Ａ端口）和绿灯（Ｃ端口）交替闪烁 7 次。

任务 2：制作模块。制作一个红灯和绿灯交替闪烁 7 次的模块。

任务 3：启动程序后，黄灯（Ｂ端口）亮起，如果进球，黄灯灭，红灯绿灯交替闪烁 7 次。

10-4 设计要求

❶ 设计并搭建的球洞宽度要合适，宽度在球直径 1.5~2 倍之间即可。

❷ 触碰传感器的缓冲器能够让球有效地触发触碰传感器。因为球进球洞时可能速度已经很低，力量不足以直接触发触碰传感器，所以缓冲器的设计要利用杠杆的知识，让球撞击的力臂大于触发触碰传感器的力臂，最少 3 倍。

❸ 球洞的护栏要高于球的半径，不易过低，建议 3~4 个乐高单位。

触碰传感器

"高尔夫"球

注：蓝色线段为触碰传感器的力臂，红色线段为球撞击力的力臂，红色线段最好为蓝色线段的 3~4 倍，才能保证有效触发触碰传感器。

10-5 参考模型搭建步骤

第一步

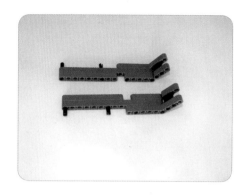 

第二步

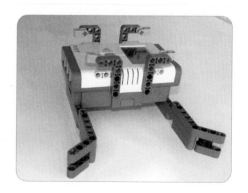

第三步

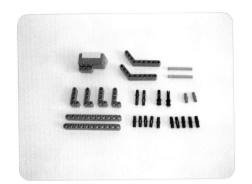

第四步

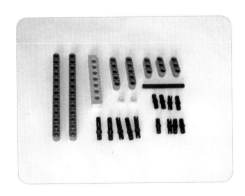

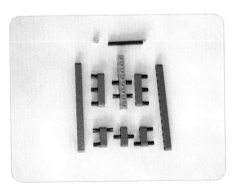

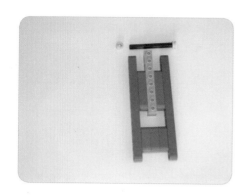

第五步

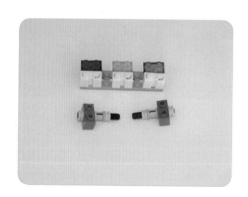
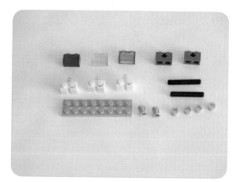

还可以用剩下的积木做一个高尔夫球杆，长度适合你自己用就好。灯的导线最好连接在灯的下面，红、黄、绿色灯分别连接在 A、B、C 端口。

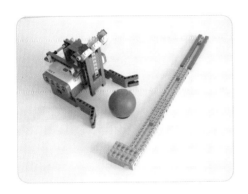
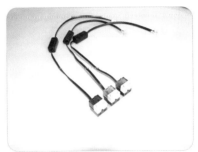

10-6 参考程序及说明

任务 1

　　程序开启，让红灯和绿灯交替闪烁。首先完成前一步骤，红灯亮，绿灯灭，持续 0.4 秒钟。程序需要有两个"灯"模块和一个"时间"等待模块。

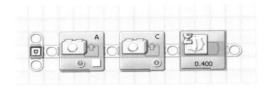

　　两个灯模块的参数分别设定为："端口"选择"A"，"强度"输入"100"；"端口"选择"C"，"动作"为"Off"。

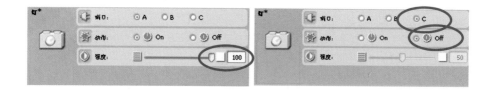

"时间"等待模块设定为 0.4 秒。

之后，完成下一步骤，让红灯灭，绿灯亮，持续 0.4 秒钟。

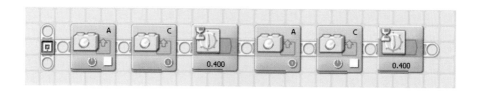

这个步骤中的两个灯模块的参数分别设定为："端口"选择"A"，"动作"为"Off"；"端口"选择"C"，"强度"输入"100"。

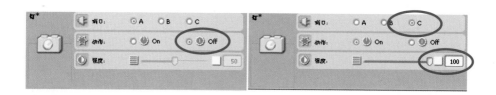

"时间"等待模块设定为 0.4 秒。

添加"循环"模块，让上面的程序循环 7 次。

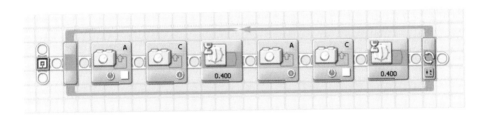

最后，在"循环"的后面添加一个"灯"模块，程序循环 7
次之后，绿灯（C 端口）还在亮着，所以要将绿灯灭掉。

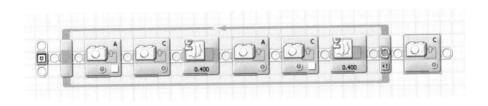

这个"灯"模块的"端口"选择"C"，"动作"选择"Off"。

　　现在可以下载程序，试一试当开启程序后，会不会红灯绿灯交替闪烁 7 次。如果没能实现的话，请检查一下模型和程序中的端口选择是否正确。

任务 2

　　为什么要把一段程序做成一个自定义的模块呢？

　　最主要的原因是方便调用，多次调用自定义模块可以节省很多存储空间，这里的自定义模块类似很多编程语言中的子程序。除此之外，自定义模块还可以节省很多电脑内存空间。很多读者都会发现在编写模块很多的大程序时会出现电脑内存不足，死机的现象。如果把某段重复出现的程序段，或者某一段相对意义完整的程序段制作成一个自定义模块，那么，我们在对主程序操作的时候，就会缓解电脑内存的压力，避免死机情况的出现。同时，也会增加程序的可读性。

　　现在我们把任务 1 的程序做成一个模块，这个模块的意义是：A、C 端口的灯交替闪烁 7 次。

　　选中任务 1 中的所有模块，在"工具栏"中点击"创建我的模块"工具。

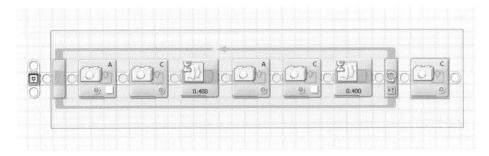

这时候会弹出一个"我的模块创建器"的对话框，在这里要做两件事情，一是为模块起名字，二是为模块选择图标。

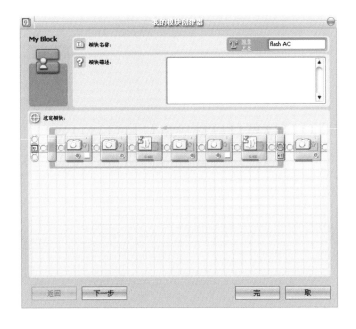

在"模块名称"中输入"flash AC"。

之后，点击"下一步"，创建模块的图标，在下面的"图标"中选择一个有灯意义的图标，放在"图标创建器"上。

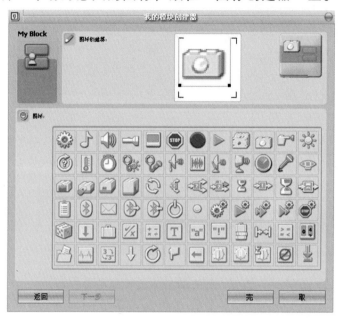

点击"完成"，这样"我的自定义模块"就做好了，它的意义是 A、C 端口的灯闪烁 7 次。现在程序中一段长长的程序变成了一个模块了，是不是很简洁了呢？如果我们要对自定义模块"flash AC"进行修改的话，在程序中双击它，进入"flash AC"程序。记得在修改之后要保存。

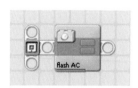

下次再用到"flash AC"模块的时候，我们可以在"自定义面板"的"我的模块"中找到"flash AC"模块。

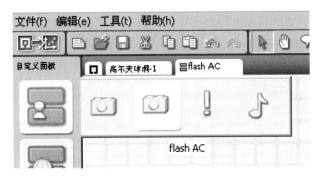

现在，你是不是已经学会了自己创建模块呢？是不是很有意思呢？其实，在软件中提供的模块是最基本的，功能单一的，有时候我们会反复使用一些意义稍复杂的模块，在这种情况下，我们把它制作成一个自定义模块就再好不过了。

例：软件中有单一端口的"触碰传感器"等待模块，而如果为某个机器人编程的时候，需要 2 个端口的触碰传感器任意一个触发就让程序继续运行，软件中没有这样的等待模块，我们做一个是不是更好呢？

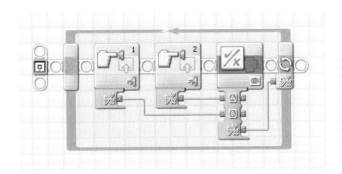

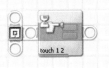

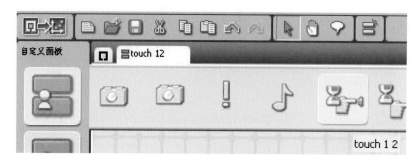

这样，以后我们就可以直接使用这个模块了。

任务 3

创建一个新的程序文件，拖出一个"循环"模块和一个"触碰传感器"开关模块。

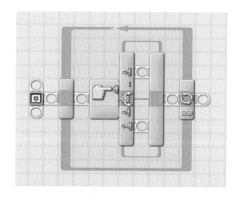

"循环"模块和"触碰传感器"开关模块的参数均为默认。

因为在触碰传感器松开的时候需要亮起黄（B端口）灯，所以在下面的触碰传感器松开分支中添加一个"灯"模块。

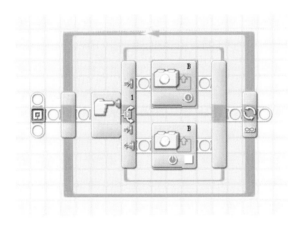

"灯"模块的参数设定为："端口"选择"B"，"强度"输入"100"。

在触碰传感器按下时需要关闭黄（B端口）灯，所以在上面的触碰传感器按下的分支中添加一个"灯"模块。

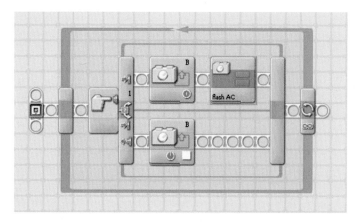

这个"灯"模块的参数设定为："端口"选择"B"，"动作"选择"Off"。

最后，把上一步已经做好的自定义模块"flash AC"，拖放到"触碰传感器"开关的按下分支中。

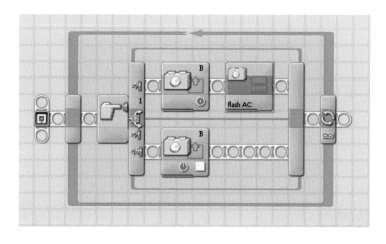

现在，可以试一试了，你会几杆进洞，是不是高尔夫高手呢？

10-7 试一试

如果你对乐谱有些了解的话还可以添加一段动听的音乐，比如进球之后播放出来庆祝。

可能会用到任务分支结构，可以参考下面的程序。

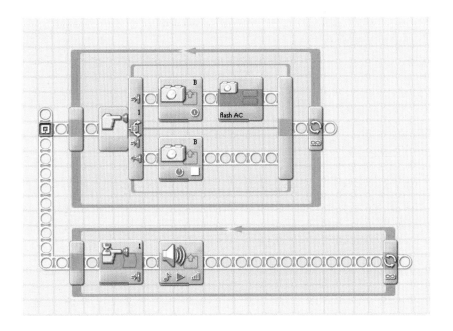

那么，现在你的球技练得怎么样了呢？有没有找朋友一起较量一场呢？有没有人能胜得了你呢？不过，欢乐过后你可别忘了如何制作模块。NXT 2.0 软件中只提供了 40 多个具有基本功能的模块，这就好像英语中的 26 个字母，由字母组成单词、短语。同样，用基本功能模块制作出复杂功能的模块，方便以后使用，增加程序可读性，节省 NXT 存储空间。

学习心得